Die Roten Hefte im Überblick:

1 Kurt Klingsohr
Verbrennen und Löschen
17. Auflage. 112 Seiten
€ 8,40
ISBN 3-17-016993-9

2 Heinz Bartels
Ausbilden im Feuerwehrdienst
14. Auflage. 56 Seiten. € 7,–
ISBN 3-17-014580-0

3a Ferdinand Tretzel
Leinen, Seile, Hebezeuge
Teil 1: Stiche, Knoten und Bunde
15. Auflage. Ca. 120 Seiten
Ca. € 9,–
ISBN 3-17-017330-8

3b Ferdinand Tretzel
Leinen, Seile, Hebezeuge
Teil 2: Ziehen und Heben
14. Auflage. 136 Seiten. € 9,20
ISBN 3-17-015547-4

4 Lutz Rieck
Die Tragkraftspritze mit Volkswagen-Industriemotor
15. Auflage. 88 Seiten. € 7,–
ISBN 3-17-013974-6

5 Wolfgang Hamberger
Sicherheitstechnische Kennzahlen brennbarer Stoffe
184 Seiten. € 10,–
ISBN 3-17-012221-5

6 Lutz Rieck
Feuerlöscharmaturen
11. Auflage. 120 Seiten. € 8,-
ISBN 3-17-015171-1

7 Franz Anton Schneider
Löschwasserförderung
14. Auflage. 80 Seiten. € 7,–
ISBN 3-17-013208-3

8a Josef und Dieter Schütz
Feuerwehrfahrzeuge Teil 1
Typenbezeichnung, Kurzzeichen und allgemeine Anforderungen an Fahrgestell, Aufbau, löschtechnische Einrichtungen und Beladelisten der Löschfahrzeuge
11. Auflage. 160 Seiten. € 8,90
ISBN 3-17-013954-1

8b Josef und Dieter Schütz
Feuerwehrfahrzeuge Teil 2
Beschreibungen der Hubrettungsfahrzeuge, Rüst-, Geräte-, Rettungs- und Krankentransportwagen
11. Auflage. 136 Seiten. € 8,90
ISBN 3-17-014285-2

9 Hermann Schröder
Brandeinsatz
Praktische Hinweise für den Gruppen- und Zugführer
Ca. 110 Seiten. Ca. € 7,–
ISBN 3-17-012267-3

10 Hermann Schröder
Einsatztaktik für den Gruppenführer
16. Auflage. 120 Seiten
€ 9,–
ISBN 3-17-0173[illegible]

12 Kurt Klösters
Kraftspritzen – Sicherheit durch Wartung
2. Auflage. 180 Seiten. € 9,20
ISBN 3-17-014284-4

13 Axel Häger
Baukunde
140 Seiten. € 8,–
ISBN 3-17-013817-0

14 Reimund Roß
Peter Symanowski
Feuerlöscher
10. Auflage. 76 Seiten. € 7,–
ISBN 3-17-016720-0

15 Karl-Heinz Knorr
Atemschutz
12. Auflage. 96 Seiten. € 7,–
ISBN 3-17-013205-9

17 Jürgen Kallenbach
Arbeitsschutz und Unfallverhütung bei den Feuerwehren
7. Auflage. 104 Seiten. € 8,–
ISBN 3-17-012349-1

18 Ferdinand Tretzel
Formeln, Tabellen und Wissenswertes für die Feuerwehr
7. Auflage. 224 Seiten. € 10,–
ISBN 3-17-014286-0

19 Thomas Brandt
Sebastian Wirtz
Erste Hilfe im Einsatzdienst
172 Seiten
€ 11,50
ISBN 3-17-016925-4

21 Karl-Heinz Knorr
Jochen Maaß
Öffentlichkeitsarbeit in der Feuerwehr
88 Seiten. € 7,–
ISBN 3-17-012345-9

23 Klaus Schneider
Feuerwehr im Straßenverkehr
2. Auflage. 100 Seiten. € 7,–
ISBN 3-17-013818-9

24 Herbert Rust
Wilhelm Rust
Feuerwehr-Einsatzübungen
9. Auflage. 84 Seiten. € 8,–
ISBN 3-17-017071-6

25 Frieder Kircher
Vorbeugender Brandschutz
Ca. 120 Seiten. Ca. € 10,–
ISBN 3-17-016996-3

26 Peter Lex
Bekämpfung von Waldbränden, Moorbränden, Heidebränden
4. Auflage. 168 Seiten. € 9,20
ISBN 3-17-014033-7

27a Lutz Rieck
Die Löschwasserversorgung
Teil 1: Die zentrale Wasserversorgung
4. Auflage. 112 Seiten. € 7,–
ISBN 3-17-015011-1

27b Ludwig Timmer
Die Löschwasserversorgung
Teil 2: Die unabhängige Löschwasserversorgung
4. Auflage. 84 Seiten. € 7,–
ISBN 3-17-013076-5

Fortsetzung auf Seite III am Schluß des Textes

Rotes Heft 1

Verbrennen und Löschen

von
Dipl.-Ing. Kurt Klingsohr

17., überarbeitete Auflage 2002

Verlag W. Kohlhammer

17. Auflage 2002
ISBN 3-17-016993-9

Stuttgart Berlin Köln
Verlagsort: Stuttgart
Gesamtherstellung: W. Kohlhammer Druckerei GmbH & Co.
Stuttgart
Printed in Germany

Inhaltsverzeichnis

Vorbemerkungen

Der Feuerwehrangehörige, der mit seinen Löschgeräten und Löschmitteln den besten Erfolg erzielen will, muß nicht nur mit ihrer Handhabung vertraut sein, sondern auch über das Wesen des Verbrennungs- und Löschvorganges Bescheid wissen. Er darf den Löscherfolg nicht dem Zufall überlassen, sondern muß seine praktischen Maßnahmen auf ein sicheres theoretisches Fachwissen stützen. Fachwissen ist deshalb nicht »graue Theorie«, sondern zwingend notwendige Basis der Einsatzpraxis. Auf der Brandstelle kann man nicht »probieren« oder »versuchen«, sondern man muß wissen, was im gegebenen Fall richtig ist. Mit dieser Lehrschrift soll der Feuerwehrangehörige mit den grundlegenden naturwissenschaftlichen Vorgängen des Verbrennens und Löschens vertraut gemacht und ihm ein Überblick gegeben werden, welche Löschverfahren und Löschmittel zur Verfügung stehen.

Um auch nicht besonders Vorgebildeten das Eindringen in dieses Wissensgebiet zu ermöglichen, ist die Darstellung einfach gehalten, ohne auf die notwendige Genauigkeit zu verzichten. Besonderer Wert ist auf genaue Begriffsbestimmungen gelegt.

Fachausdrücke, die der Umgangssprache entstammen, haben oft eine fest umrissene und genau definierte Bedeutung – im Gegensatz zur Umgangssprache, wo zum Beispiel der Begriff »Feuer« mit den unterschiedlichsten Bedeutungen gebraucht wird: Leuchtfeuer, Feuerwaffe, Feuerwerk, Feuer des Gemüts usw. In unserem Falle interessiert der Begriff »Feuer« nur als Naturerscheinung, als chemischer Vorgang, der durch das Zusammentreffen von Stoffen und Zuständen bewirkt wird und bei dem bestimmte Gesetzmäßigkeiten eine Rolle spielen.

Schon seit 500 000 Jahren haben sich unsere menschlichen Vorfahren das Feuer nutzbar gemacht, aber erst seit etwa 200 Jahren wissen wir über diese Naturerscheinung wirklich Bescheid.

Der französische Chemiker Lavoisier (1742–1794) erkannte, daß der Verbrennungsvorgang auf einer chemischen Reaktion zwischen einem brennbaren Stoff und dem Sauerstoff in der Luft beruht, und daß das Feuer eine Folge und äußere Begleiterscheinung dieser Reaktion ist.

Ohne diese Erkenntnis läßt sich auch der Vorgang des Löschens und der verschiedenen Feuerlöschmittel nicht verstehen, deren Wirkung auf das Unterbrechen dieser chemischen Reaktion des Brennens und damit das Erlöschen des Feuers zielt. Das Hauptwort zu »brennen« ist Brand. Beide Worte, Feuer und Brand, werden im Sprachgebrauch und als Fachbegriff leider ohne erkennbaren Unterschied gebraucht. In DIN 14011 Begriffe aus dem Brandschutzwesen wird der Begriff »Brand« definiert, aber von Feuerwiderstand, Feuerschutzabschluß, Flugfeuer u. ä. gesprochen, die Brandwand muß feuerbeständig sein, die Feuerwehr rückt zur Brandbekämpfung aus, kurzum es gibt keine klare Sprachregelung.

Auch andere im täglichen Gebrauch verwendete Begriffe, wie zum Beispiel »Wärme«, haben als Fachwörter andere Bedeutungen als in der Umgangssprache. Der Leser präge sich daher die Bedeutung der Fachausdrücke und den Sinn der Begriffsbestimmungen genau ein, da sie die unentbehrlichen Schlüssel zum Verständnis der Zusammenhänge sind. Wer über die Bedeutung der Fachausdrücke keine klaren Vorstellungen hat, wird bei sich selbst und – schlimmer noch – bei anderen nur Verwirrung stiften. Ein Vorgesetzter, der die von ihm benutzten Fachausdrücke und Begriffe nicht bis ins kleinste versteht und beherrscht, kann seiner Aufgabe nicht gerecht werden.

Die Kenntnis der grundsätzlichen physikalisch-chemischen Vorgänge, die für die Entstehung und den Ablauf von Bränden und Explosionen bestimmend sind, bildet das theoretische Fundament der Brandverhütung und der Brandbekämpfung. Brandverhütung betreiben heißt im Grunde nichts anderes, als zu verhindern, daß die Vorbedingungen für das Entstehen von Bränden oder Explosionen zusammentreffen.

Beim Löschen handelt es sich dagegen darum, einen Verbrennungsvorgang zu unterbrechen, und zwar dadurch, daß mindestens eine der dazu erforderlichen Bedingungen beseitigt wird. Diese Vorbedingungen sind teils chemischer, teils physikalischer Art.

Im Folgenden sollen die wichtigsten Begriffe und Zusammenhänge der Verbrennungslehre in knapper und übersichtlicher Form dargestellt werden. Anschließend werden die grundsätzlichen Möglichkeiten des Löschens sowie die Löschmittel im einzelnen behandelt. Es werden nicht nur das Löschvermögen und die Anwendungsmöglichkeiten sondern auch die Gefahren für den Menschen und die Umwelt dargestellt, die sich beim falschen Einsatz der verschiedenen Löschmittel ergeben können.

1 Die physikalisch-chemischen Grundlagen des Verbrennungsvorganges

1.1 Grundbegriffe

1.1.1 Oxidation

Die chemische Vereinigung eines Stoffes mit Sauerstoff (lateinisch Oxygenium) wird als Oxidation bezeichnet, das entstandene Produkt heißt Oxid. Bei der Oxidation wird ein Teil der in dem oxidierten Stoff enthaltenen chemischen Energie in Wärmeenergie umgesetzt. Bei stark beschleunigter Oxidation wird die Wärmeerzeugung so gesteigert, daß Lichterscheinungen in Form von Flammen und Glut auftreten. Die Wellenlänge der unsichtbaren Wärmestrahlung gerät in den Bereich des sichtbaren Lichtes.

1.1.2 Verbrennung

Eine Oxidation, die unter Feuererscheinung verläuft, nennt man Verbrennung.

> Die Verbrennung ist ein chemischer Vorgang, bei dem sich ein brennbarer Stoff unter Wärme- und Lichtentwicklung (Feuererscheinung) mit Sauerstoff verbindet.

Die Verbrennung ist ein Sonderfall der Oxidation, da sie sehr schnell und mit Feuererscheinung verläuft. Jede Verbrennung ist eine Oxidation – aber nicht jede Oxidation eine Verbrennung. Der Unterschied liegt in der Oxidationsgeschwindigkeit (Reaktionsgeschwindigkeit).

Langsame Oxidationen wie »Oxidieren«, Rosten, Verwesen verlaufen ohne Feuererscheinung.

Schnelle Oxidationen wie Brennen, Verpuffen, Explodieren verlaufen mit Feuererscheinung.

1.1.3 Feuer – Flamme – Glut

Das Feuer ist die äußere, sichtbare Begleiterscheinung einer Verbrennung. Durch die bei einer Verbrennung stattfindende sehr schnelle Umsetzung chemischer Energie in Wärmeenergie (Verbrennungswärme) wird in den beteiligten Stoffen eine so hohe Temperatur (Verbrennungstemperatur) erzeugt, daß die davon ausgehende Wärmestrahlung (siehe Seite 54) den Bereich des sichtbaren Lichts erreicht und die charakteristische Feuererscheinung entsteht.

Feuer kann in zwei verschiedenen Erscheinungsformen auftreten, in Form der *Flamme* und der *Glut*.

Beide Formen können gleichzeitig oder allein auftreten, dies ist abhängig von der Natur des brennbaren Stoffes (Bild 1).

Es verbrennen

- *gasförmige Stoffe* (Gase und Dämpfe) nur mit Flammen,
- *flüssige Stoffe* erst nach dem Übergang in Dampfform, daher nur mit Flammen,

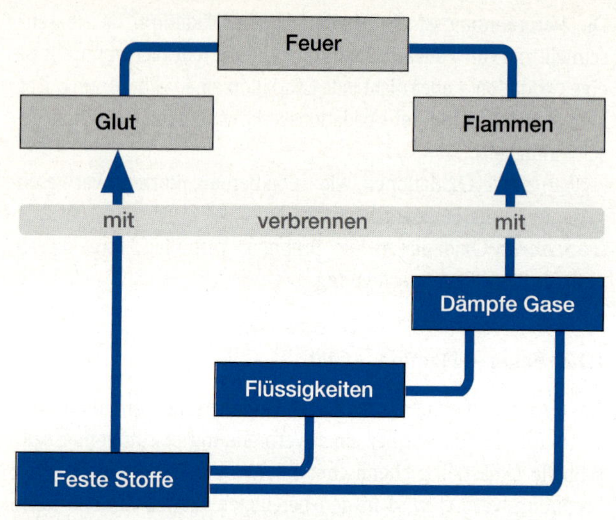

Bild 1: Entstehung von Glut und Flammen

- *feste Stoffe*
- – entweder mit Flammen und Glut bei Stoffen, die sich bei starker Erwärmung in gasförmige Bestandteile und festen Kohlenstoff zersetzen (Holz, Kohlen, Textilien, Kunststoffe). Die gasförmig austretenden Anteile bilden Flammen, der feste Kohlenstoff bildet Glut,
- – oder nur mit Flammen bei Stoffen, die bei Erwärmung flüssig werden oder sich zersetzen und brennbare Gase oder Dämpfe bilden (Wachs, Fett, Thermoplaste),
- – oder nur mit Glut bei Metallen und künstlich entgasten organischen Stoffen (Koks, Holzkohle).

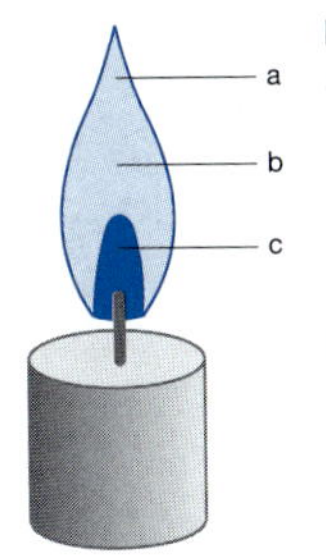

Bild 2: Vorgänge in einer Kerzenflamme

a = Verbrennungszone. Hier ist ausreichend Luftsauerstoff vorhanden und nur hier findet eine (fast) vollständige Verbrennung und Wärmeentwicklung statt. Diese Zone ist die wärmste. Sie ist als dünne, schwach blau leuchtende Hülle ganz außen erkennbar.

b = Glühzone. Zone unvollständiger Verbrennung. Der Wasserstoff findet Reaktionspartner, der abgespaltene feste Kohlenstoff (Ruß) glüht.

c = Gaszone. Dunkle Zone um den Docht. Hier finden die Verdampfung des flüssig gewordenen Brennstoffes und die Pyrolyse statt.

Mit Flammen können nur gasförmige und flüssige, mit Glut nur feste Stoffe brennen. Das Auftreten von Flammen bei festen oder flüssigen brennbaren Stoffen ist stets ein Zeichen dafür, daß eine Vergasung oder Verdampfung stattfindet.

Die Flamme ist ein brennender und dabei licht- und wärmeausstrahlender Gas-(oder Dampf-)strom.

Die Vorgänge lassen sich gut an einer Kerzenflamme beobachten (Bild 2).

Unter Glut (Glühen, Glimmen) versteht man die bei hohen Temperaturen sichtbare Wärmestrahlung eines festen Stoffes. Die Glutfarbe erlaubt Rückschlüsse auf die Temperatur des glühenden Stoffes. Mit steigender Temperatur treten folgende Glutfarben auf:

bei 400 °C erstes, nur im Dunkeln wahrnehmbares schwaches Leuchten unbestimmter Farbe, »Grauglut«,
bei 525 °C erste wahrnehmbare Dunkelrotglut,
bei 700 °C dunkle Rotglut,
bei 900 °C helle Rotglut
bei 1 100 °C Gelbglut,
bei 1 300 °C beginnende Weißglut,
ab 1 500 °C volle, blendende Weißglut.

1.2 Die Vorbedingungen der Verbrennung

Der Verbrennungsvorgang ist an vier Bedingungen gebunden, die gleichzeitig erfüllt sein müssen:

- Ein brennbarer Stoff muß vorhanden sein.
- Sauerstoff muß Zugang zum Brennstoff haben.
- Das richtige Mengenverhältnis (Konzentration) von brennbarem Stoff und Sauerstoff muß gegeben sein.
- Der brennbare Stoff muß seine Zündtemperatur erreicht haben.

Die genannten vier Vorbedingungen sollen nachstehend einzeln näher betrachtet werden.

1.2.1 Brennbare Stoffe und Brennstoffe

Brennbare Stoffe sind gasförmige, flüssige oder feste Stoffe, einschließlich Dämpfen, Nebeln und Stäuben, die im Gemisch oder im Kontakt mit Luft oder Sauerstoff zum Brennen angeregt werden können (DIN 14011 Teil 1).

Brennbare Stoffe sind Elemente oder Verbindungen, die sich mit dem Sauerstoff bei Erreichen einer stofftypischen Temperatur, der Zündtemperatur, unter Feuererscheinung und – was in unserer Betrachtung wesentlich ist – unter Wärmeabgabe verbinden.

Solche Elemente sind der Wasserstoff (Hydrogenium, H), der Kohlenstoff (Carbonium, C), der Schwefel (Sulfur, S), der Phosphor (P), wobei die beiden letzteren als Brennstoffe und beim Naturbrand (siehe Seite 29) für den Feuerwehrangehörigen kaum eine Rolle spielen.

Entstehung der Kohlenwasserstoffe

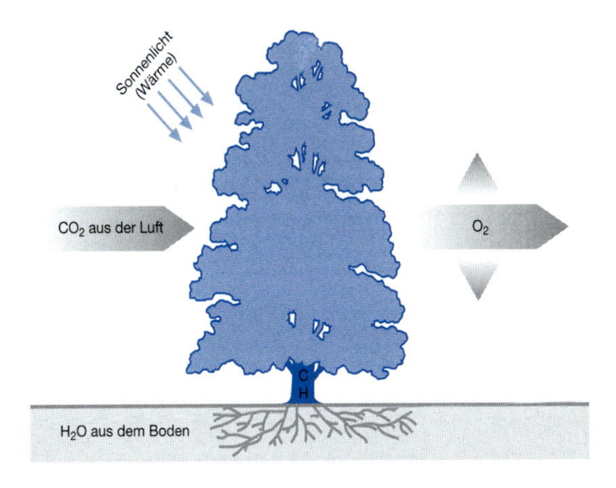

Verbrennung der Kohlenwasserstoffe

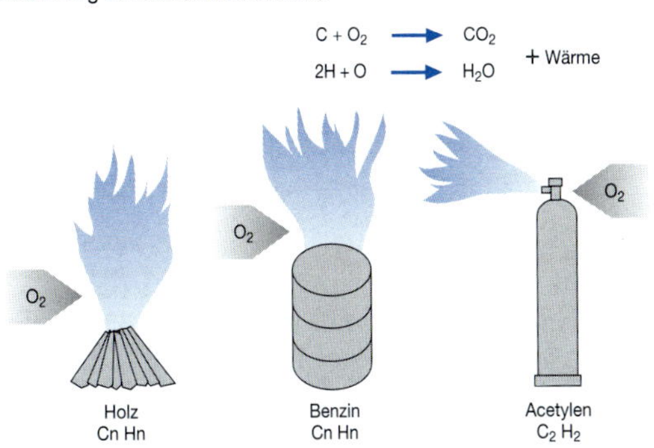

Bild 3: Entstehung und Verbrennung von Kohlenwasserstoffen

Die Chemie der Stoffe, die Kohlenstoff enthalten, nennt man Organische Chemie, da Organismen wie Pflanzen und Tiere im wesentlichen aus Verbindungen aufgebaut sind, die außer Wasserstoff, Stickstoff und Sauerstoff vor allem immer Kohlenstoff enthalten. Kohlenstoff und Wasserstoff bilden zusammen eine Vielzahl von Verbindungen, die sogenannten Kohlenwasserstoffe (Bild 3). Feste, flüssige und gasförmige brennbare Stoffe sind Verbindungen des Kohlenstoffes mit dem Wasserstoff.

Einige Beispiele:

Acetylen (Ethin)	C_2H_2	gasförmig
Propan	C_3H_8	gasförmig
Butan	C_4H_{10}	gasförmig
Ethanol (Alkohol)	C_2H_6O	flüssig/dampfförmig
Benzol	C_6H_6	flüssig/dampfförmig
Oktan (Benzin)	C_8H_{18}	flüssig/dampfförmig
Stearin (Wachs)	$C_{18}H_{38}$	fest/flüssig/dampfförmig
Cellulose (Holz)	C_nH_n	fest

Auch Kunststoffe wie Polyethylen und Polystyrol sind reine Kohlenwasserstoffe. Außerdem gibt es noch brennbare Metalle, von denen im Naturbrand dem Feuerwehrangehörigen vor allem Natrium und Elektron, eine Magnesium/Aluminium-Legierung, begegnen dürften.

Die Euronorm 2 teilt die brennbaren Stoffe in Brandklassen ein, vorwiegend nach ihrem Aggregatzustand, wobei bei den festen Stoffen zwischen solchen organischer Natur und Metallen unterschieden wird (Bild 4).

Bild 4: Piktogramme für Brandklassen nach EN 2
Klasse A: Brände fester Stoffe, hauptsächlich organischer Natur, die normalerweise unter Glutbildung verbrennen
Klasse B: Brände von flüssigen oder flüssig werdenden Stoffen
Klasse C: Brände von Gasen
Klasse D: Brände von Metallen

Für die Beurteilung der brennbaren Stoffe sind folgende Eigenschaften von Bedeutung:
- Entzündbarkeit
- Brennbarkeit
- Verbrennungswärme (Heizwert)
- Verbrennungstemperatur

Den Feuerwehrangehörigen interessieren dazu die Verbrennungsprodukte im Hinblick auf den Atemschutz und auf Rückzündungen und Stichflammen.

1.2.2 Entzündbarkeit

Der Begriff Entzündbarkeit bezieht sich auf die Einleitung der schnellen Oxidation, des Brennens, auf den Vorgang der Entzündung. Ein brennbarer Stoff ist umso leichter entzündbar, je weniger Energie (Wärme) zum Erreichen seiner Zündtemperatur erforderlich ist. Für praktische Zwecke kann die Zündenergie eines Streichholzes als »normal« zugrunde gelegt werden. Hiervon ausgehend läßt sich eine grobe, aber für die Praxis ausreichende Einteilung der brennbaren Stoffe vornehmen:

- *Schwer entzündbar* sind Stoffe, die mit einem Streichholz nicht mehr entzündet werden können und eine stärkere Zündquelle erfordern (Lötlampe, Schweißbrenner), wie Koks und Leichtmetalle.
- *Normal entzündbar* sind Stoffe, zu deren Entzündung mindestens die Energie einer Streichholzflamme notwendig ist (Mehrzahl der brennbaren festen Stoffe).
- *Leicht entzündbar* sind Stoffe, die sich bereits durch schwache Zündquellen (Funken, Zigarettenglut) entzünden lassen, wie brennbare Gase und Dämpfe brennbarer Flüssigkeiten.
- *Selbstentzündlich* nennt man Stoffe und Stoffgemische, die zur Entzündung keiner fremden Zündquelle bedürfen, sondern die zur Entzündung notwendige Wärmeenergie unter besonderen äußeren Bedingungen aus ihrer eigenen langsamen Oxidation heraus entwickeln (siehe Seite 46).

Diese Einteilung darf nicht mit den Baustoffklassen der DIN 4102 »schwerentflammbar« und »leichtentflammbar« verwechselt werden.

1.2.3 Brennbarkeit

Der Begriff Brennbarkeit bezeichnet das Brennverhalten (Abbrandverhalten) eines Stoffes nach erfolgter Zündung, das insbesondere durch die Brenngeschwindigkeit (Abbrandgeschwindigkeit) und Wärmeentwicklungsrate gekennzeichnet ist. Demnach lassen sich brennbare Stoffe in drei Gruppen einteilen:

Schwer brennbare Stoffe brennen nur bei Zufuhr von Fremdwärme weiter, das heißt bei weiterer Einwirkung der Zündquelle oder zusammen mit anderen normal oder leicht brennbaren Stoffen. Sie erlöschen nach Wegnahme der Zündquelle beziehungsweise nach Aufhören der Zufuhr von Wärme aus dem Brandgeschehen (z. B. reine Wolle). Handelt es sich um Baustoffe, so wird diese Eigenschaft nach der Norm DIN 4102 geprüft, und die Baustoffe werden als »schwerentflammbar« – Baustoffklasse B 1 – klassifiziert.

Normal brennbare Stoffe brennen nach ihrer Entzündung nach Wegnahme der Zündquelle mit normaler Geschwindigkeit weiter (z. B. Holz). Handelt es sich um Baustoffe, so wird diese Eigenschaft nach der DIN 4102 geprüft, und die Baustoffe werden als »normalentflammbar« – Baustoffklasse B 2 – klassifiziert.

Leicht brennbare Stoffe brennen nach dem Entzünden mit großer Geschwindigkeit und schneller Freisetzung ihrer Verbrennungswärme ab (z. B. Stäube, Dämpfe und Gase). Handelt es sich um Baustoffe, so wird diese Eigenschaft bei der Prüfung nach DIN 4102 festgestellt, und die Baustoffe werden als »leichtentflammbar« – Baustoffklasse B 3 – klassifiziert (und von der Verwendung als Baustoff ausgeschlossen).

Entzündbarkeit und Brennbarkeit eines Stoffes hängen nicht nur von seiner chemischen Zusammensetzung, sondern in sehr hohem Maß von seinem Zustand (Aggregatzustand, Dichte, spezifische Oberfläche, Temperatur) ab und können daher bei ein und demselben Stoff in sehr weiten Grenzen schwanken. Dabei spielt auch die Anordnung im Raum eine Rolle: ein Streichholz, mit dem Kopf nach unten gehalten, brennt rasch und verbrennt vollständig, ein Streichholz, mit dem Kopf nach oben gehalten, brennt träge und kann sogar erlöschen. Wieviel Wärmeenergie einem Brennstoff zugeführt werden muß, damit er entflammt, hängt von seinem Aggregatzustand ab und von seiner spezifischen Oberfläche. Gase und Dämpfe von Flüssigkeiten haben eine »ideale« Oberfläche. Die Brennstoffteilchen können unmittelbar mit dem Sauerstoff reagieren. Bei festen Stoffen ist dies anders.

Beispiel:

Ein Würfel aus Eichenholz mit der Kantenlänge 10 cm hat eine Oberfläche von 600 cm^2, als Holz eine hohe Dichte und eine kleine Oberfläche im Verhältnis zu seiner Masse, das heißt eine kleine spezifische Oberfläche. Auch wenn man ihn mit einem Schweißbrenner in Brand setzt, wird er wieder erlöschen. Teilt man ihn in Späne von 0,5 cm x 0,5 cm x 10 cm, so beträgt seine Oberfläche 8 200 cm^2, man kann den Spänehaufen mit einem Streichholz anzünden und er wird normal abbrennen. Schleift man denselben Würfel zu Staub, so wird – bei konstanter Holzmasse – seine spezifische Oberfläche viele Quadratmeter groß werden, der Staub kann durch die geringe Wärmeenergie eines Funken gezündet werden und brennt rasant ab. Die Zündtemperatur (siehe Seite 39) bleibt stets gleich, nur die zur Zündung erforderliche Wärmeenergie nimmt ab.

1.2.4 Verbrennungswärme – Heizwert

Beim vollständigen Verbrennen eines Stoffes (siehe Seite 27), gleichgültig, ob dies langsam oder schnell erfolgt, wird eine bestimmte Wärmemenge frei, welche Verbrennungswärme genannt wird. Die Verbrennungswärme eines Stoffes gibt an, wieviel Wärmeeinheiten beim vollständigen Verbrennen einer Mengeneinheit dieses Stoffes frei werden. Sie wird in Kilowattstunden pro Kilogramm (kWh/kg) oder Megajoule pro Kilogramm (MJ/kg), beziehungsweise Megajoule pro Norm-Kubikmeter (MJ/m³) (von Gasen bei 0 °C und 1 013 mbar) angegeben. Verbrennungswärmen (Brandlasten) zum Beispiel von Kabelisolierungen oder Rohrleitungen aus brennbaren Baustoffen werden im vorbeugenden Brandschutz auch in Kilowattstunden pro laufendem Meter (kWh/m) angegeben.

Umrechnung: 1 Joule (J) = 1 Nm, 1 Watt (W) = 1 Nm/s,
1 kW = 1 000 Nm/s,
1 kWh = 3 600 000 Nm = $3{,}6 \cdot 10^6$ J = 3,6 MJ

In der Technik wird die Verbrennungswärme als »Brennwert« bezeichnet (DIN 51 900). Es wird zwischen Brennwert (früher: oberer Heizwert) und Heizwert (früher: unterer Heizwert) unterschieden.

Der Heizwert ist bei brennbaren Stoffen, die Wasserstoff enthalten, etwas niedriger als der Brennwert, und zwar um die Verdampfungswärme des bei der Verbrennung gebildeten Wassers (siehe Seite 72). Diese Wärmemenge geht mit dem im Abgas entweichenden Wasserdampf verloren. Eine Übersicht über die Heizwerte verschiedener Substanzen bietet Tabelle 1.

1.2.5 Verbrennungstemperatur

Jeder brennbare Stoff erzeugt bei seiner Verbrennung Wärme. Je nach der Geschwindigkeit, mit der die Verbrennungswärme frei wird, entsteht eine entsprechend hohe Verbrennungstemperatur.

Bei Stoffen mit gleichem Heizwert hängt die Verbrennungstemperatur nur von der Verbrennungsgeschwindigkeit (Abbrandrate) ab.

Tabelle 1: Beispiele für Heizwerte:
(in MJ [Megajoule][a] pro kg bzw. pro m³ bei 0 °C und 1 013 mbar)

Stoff	Heizwert [MJ/m³]	Heizwert [MJ/kg]
Feste Stoffe		
Holz, durchschnittlich		18,4...18,9
Holzkohle		29,8
Braunkohle, jüngere		7,5...9,2
Braunkohle, ältere		17,6...23,5
Braunkohlenbriketts		19,7...23,5
Steinkohle		26,0...33,5
Anthrazit		32,7
Zechenkoks		28,0...30,6
Aluminium		29,3
Magnesium		25,0
Phosphor, weiß		25,0
Flüssige Stoffe		
Motorbenzin		41,0...44,0
Dieselkraftstoff		42,3...43,1
Heizöle, leichte		40,2...42,3
Heizöle, schwere		39,4...40,2
Erdöle		39,8...41,9
Ethanol (Ethylalkohol) 100 %		26,9
Spiritus (Ethylalkohol)		25,1
Methanol (Methylalkohol)		19,5
Gasförmige Stoffe		
Acetylen	57,0	48,7
Butan	123,6	45,7
Propan	93,6	46,3
Methan	35,8	49,9
Erdgas, natürliches	29,8...43,9	–
Erdgas, technisches	35,8 (durchschn.)	–
Stadtgas	16,0	26,4
Wasserstoff	10,76	119,6

[a] Das „Joule", Zeichen J (gesprochen: dschul) ist seit 1. 1. 1978 gesetzliche und internationale Einheit der Wärmemenge anstelle der „Kalorie". Umrechnung: 1 cal = 4,1868 J; 1 kcal = 4,1868 kJ. Praktisch wird es zumeist genügen, mit dem Faktor 4,3 oder – noch einfacher – mit 4 umzurechnen. 1 000 kcal sind also rund 4,3 MJ (1 Megajoule = 10^6 Joule).

Beispiel:

Phosphor und Magnesium haben den gleichen Heizwert (25 MJ/kg). Magnesium (Blitzlichtpulver) brennt erheblich schneller ab als Phosphor, daher ist seine Verbrennungstemperatur auch wesentlich höher als die des Phosphors.

Infolge der unvermeidlichen Wärmeverluste an die Umgebung kann die Verbrennungstemperatur praktisch nie den errechenbaren Höchstwert erreichen. Die bei Bränden tatsächlich gemessenen Temperaturen werden als Brandtemperatur bezeichnet (DIN 14011). Die bei Großbränden auftretenden Brandtemperaturen liegen etwa zwischen 800 °C und 1 100 °C.

Beispiele für technische Verbrennungstemperaturen in Luft:

Holz, Kohlen	ca. 1 100–1 300 °C
Erdgas	ca. 1 500 °C
Koks	ca. 1 400–1 600 °C
Thermit	ca. 2 000 °C
Magnesium, Elektron	ca. 2 000–3 000 °C
Wasserstoff/Sauerstoff-Gebläseflamme	ca. 2 500 °C
Acetylen/Sauerstoff-Gebläseflamme	ca. 3 100 °C

In reinem Sauerstoff verlaufen alle Verbrennungsvorgänge wesentlich rascher und intensiver, die Verbrennungstemperaturen liegen etwa 700 bis 800 Grad höher als in Luft, da letztere zu 79 % aus Gasen besteht, die inert sind und die Verbrennung erheblich hemmen. Raketentreibstoffe liefern Verbrennungstemperaturen von 4 000 °C bis 5 000 °C.

1.2.6 Mindest-Verbrennungstemperatur

Wichtig – besonders im Hinblick auf den Kühleffekt beim Löschen – ist die Tatsache, daß es nicht nur eine höchste, sondern auch eine stoffbezogene Mindest-Verbrennungstemperatur gibt, bei deren Unterschreitung der Verbrennungsvorgang aufhört, da der brennende Stoff die Verbrennungswärme zu langsam freisetzt, um benachbarte Brennstoffteilchen auf ihre Zündtemperatur zu erwärmen.

Die Mindest-Verbrennungstemperaturen der verschiedenen Stoffe liegen jeweils erheblich höher als deren Zündtemperaturen. Bei der Verbrennung gasförmiger Stoffe muß die in der Verbrennungszone (siehe Bild 2) erreichte Temperatur mindestens 1 000 °C betragen, damit die selbständig fortschreitende Verbrennung aufrechterhalten wird. Zum selbständigen Weiterbrennen einer Flamme ist eine um mehrere hundert Grad höhere Temperatur als zu ihrer Entzündung notwendig. Um bei Flammen also einen Löscheffekt durch Abkühlen (siehe Seite 67) zu erreichen, ist es nicht erforderlich, die Flammen bis unter die Zündtemperatur des betreffenden Stoffes abzukühlen, vielmehr genügt es schon, wenn dessen Mindest-Verbrennungstemperatur unterschritten wird.

Die Mindest-Verbrennungstemperatur liegt bei den meisten Kohlenwasserstoffen (Benzin, Benzol, Diesel-/Heizöl, Propan) bemerkenswert hoch bei rund 1 200 °C. Niedrigere Mindest-Verbrennungstemperaturen haben nur einige brennbare Gase mit hoher Verbrennungsgeschwindigkeit, Acetylen 950 °C und Wasserstoff 630 °C. Daher kann bei Flammen schon eine relativ geringfügige Abkühlung zur Unterschreitung der Mindest-Verbrennungstemperatur und damit zum Erlöschen führen, was man sich beim

Explosionsschutz durch enge Spalte, Davy-Siebe (bei der Grubenlampe), Steinstaubsperren und dergleichen zunutze macht.

Durch einen einfachen Versuch kann man das Erlöschen einer Flamme aufgrund der Abkühlung unter ihre Mindest-Verbrennungstemperatur leicht demonstrieren: Ein etwa vier Millimeter dicker Kupferdraht wird zu einer Spirale mit sieben bis acht Windungen von etwa acht Millimeter innerer Weite so aufgewickelt, daß der Abstand zweier Windungen jeweils vier Millimeter beträgt. Senkt man diese Spirale von oben über eine Kerzenflamme, so erlischt sie, jedoch nicht aus Mangel an Luftsauerstoff – dieser kann ungehindert zwischen den Windungen der Spirale in genügender Menge zur Flamme gelangen – sondern weil das Kupfer, das ein sehr guter Wärmeleiter ist, die Flamme unter ihre Mindest-Verbrennungstemperatur abkühlt. Erhitzt man die Kupferspirale vor dem Versuch, bleibt der Löscheffekt aus, – ein Beweis dafür, daß das Löschen tatsächlich auf Abkühlen und nicht auf Ersticken durch Sauerstoffmangel zurückzuführen ist.

1.2.7 Pyrolyse

Unter Pyrolyse versteht man die Auflösung eines Stoffes unter dem Einfluß der Wärme, die thermische Zersetzung. Durch Wärmezufuhr steigt die Temperatur und die Teilchen verändern ihren Aggregatzustand, Holz und Kohle gasen, Flüssigkeiten verdampfen. Bei höherer Temperatur zerfallen die brennbaren Stoffe in Kohlenstoff und Wasserstoff. Erst in dieser elementaren Form kann die schnelle Reaktion mit dem Sauerstoff, die Verbrennung ablaufen, vorausgesetzt die Zündtemperatur (siehe Seite 39) ist erreicht. Um diesen Pyrolysevorgang in Gang zu setzen, muß die

Zündquelle eine Zeitlang auf den Brennstoff einwirken. Dadurch entsteht der Zündverzug (siehe Seite 45). Bei der Verbrennung muß ein Brennstoff mindestens soviel Wärme entwickeln, daß die benachbarten Teilchen pyrolytisch aufbereitet und auf ihre Zündtemperatur erwärmt werden, so daß die Verbrennung aufrechterhalten wird. Diese Wärme entwickelt er nur über der Mindest-Verbrennungstemperatur.

1.2.8 Sauerstoff

Der Sauerstoff ist das verbreitetste Element unseres Lebensraumes. In der Luft sind rund 21 Vol.-% (= 23 Gew.-%), im Wasser rund 89 Gew.-% enthalten. Die Erdkruste besteht zu 50 Gew.-% aus chemisch gebundenem Sauerstoff. Der Anteil des Sauerstoffes am Gewicht des gesamten Erdballs wird auf 29 % geschätzt.

Der Sauerstoff ist eines der aktivsten und verbindungsfreudigsten Elemente. Er ist an fast allen chemischen Vorgängen des täglichen Lebens beteiligt. Eine Änderung des Sauerstoffanteils der Luft um nur wenige Prozent würde tiefgreifende Folgen für das organische Leben und die menschliche Technik haben.

Sauerstoff selbst ist nicht brennbar, aber ohne ihn ist keine Verbrennung möglich. Er ist ein farb-, geruch- und geschmackloses Gas, das aus Luft durch Verflüssigung oder aus Wasser durch elektrische Zerlegung gewonnen wird. Sauerstoff kommt als Druckgas in Stahlflaschen (150 bar) in den Verkehr.

Da alle Verbrennungsvorgänge in reinem Sauerstoff außerordentlich beschleunigt werden, ist die Verwendung von reinem, verdichtetem Sauerstoff zu folgenden Zwecken äußerst gefährlich:

- zur Verbesserung der Luft in engen Räumen, Tanks, Schächten und dergleichen,
- anstelle von Preßluft zum Anlassen von Verbrennungsmotoren, zum Farbspritzen, zur Druckentleerung von Flüssigkeitsbehältern, zum Füllen von Fahrzeugreifen, zum Fortblasen von Staub Spänen und ähnlichem.

Wegen der außerordentlichen Reaktionsfähigkeit des reinen, verdichteten Sauerstoffes ist die Anwendung von brennbaren Schmiermitteln wie Öl oder Fett zur Schmierung von Sauerstoff führenden Armaturen sehr gefährlich und jedenfalls zu unterlassen.

Zu Beginn der Raumfahrt hat man aus Gewichtsgründen die Raumkapseln zur Herabsetzung der Druckdifferenz zum Weltraum nur mit reinem Sauerstoff bei dessen Partialdruck (0,21 bar) befüllt.

Man sah darin keine besondere Gefahr, da in der Schwerelosigkeit wegen der fehlenden Thermik sich ein Brand kaum entwickeln kann. Bei einem Bodentest jedoch, mit reinem Sauerstoff in der Kapsel, entfachte ein unbedeutender Kurzschluß einen verheerenden Brand mit tödlichem Ausgang für die drei Astronauten.

Vollständige Verbrennung

Nach dem Gesetz der konstanten Proportionen können chemische Reaktionen – also auch die Verbrennung – nur in *festen Mengenverhältnissen* ablaufen. Zwei Liter Wasserstoff können sich bei vollständiger Verbrennung nur mit einem Liter Sauerstoff verbinden, oder:

Ein Molekül Wasserstoff verbindet sich bei der Verbrennung mit einem Atom Sauerstoff zu einem Molekül Wasser. Dabei werden pro Mol H_2 242 kJ Wärme frei. Ein Mol sind soviel Gramm einer Verbindung, wie dem Molekulargewicht der Verbindung entsprechen. Wasserstoff und Sauerstoff sind zweiatomige Gase, das heißt sie liegen in Form von H_2- und O_2-Molekülen vor. 2 g Wasserstoff und 16 g Sauerstoff verbinden sich zu 18 g Wasser(dampf) gemäß folgender Gleichung

$$2\,H + O \rightarrow H_2O + 242\,kJ \quad \text{oder}$$
$$H_2 + {}^1\!/_2\,O_2 \rightarrow H_2O + 242\,kJ \quad \text{oder}$$
$$2\,H_2 + O_2 \rightarrow 2\,H_2O + 484\,kJ \quad \text{usw.}$$

Ein Mol Kohlenstoff sind 12 g Kohlenstoff.

Diese verbinden sich mit einem Mol Sauerstoff (32 g) zu einem Mol Kohlenstoffdioxid (44 g) gemäß folgender Gleichung

$$C + O_2 \rightarrow CO_2 + 407\,kJ$$

Gleiches gilt für die Verbrennung reiner Kohlenwasserstoffe, beispielsweise Methan (CH_4): 16 g Methan und 64 g Sauerstoff verbinden sich zu 44 g Kohlenstoffdioxid und 36 g Wasser(dampf) gemäß folgender Gleichung

$$CH_4 + 2\,O_2 \rightarrow CO_2 + 2\,H_2O + 889\,kJ$$

Vollständige Verbrennung findet nur unter Laborbedingungen statt. Technisch ist ein sehr großer Aufwand erforderlich, um eine annähernd vollständige Verbrennung zu erreichen (z. B. Benzin im Verbrennungsmotor: Dosierung, Zerstäubung, Luftverhältnis, Verdampfung, Verwirbelung, Kompression, Zündung, Nachverbrennung mit Katalysator).

Unvollständige Verbrennung/Naturbrand

Jeder Überschuß von Brennstoff oder Sauerstoff sowie das Vorhandensein dritter, am Verbrennungsvorgang nicht beteiligter Stoffe wirkt hemmend auf die Reaktion. (Ausnahme: Katalysatoren; siehe Seite 62). Wird bei schlechter Ventilation einem brennenden festen Kohlenwasserstoff zu wenig Sauerstoff zugeführt, dann verbrennt zwar der reaktionsfreudige Wasserstoff vollständig, der reaktionsträgere Kohlenstoff aber nur unvollständig zu dem brennbaren und giftigen Kohlenstoffmonoxid CO gemäß folgender Gleichung

$$C + {}^{1}/_{2}\,O_2 \rightarrow CO$$

Dieses kann noch einmal mit Sauerstoff reagieren gemäß folgender Gleichung

$$CO + {}^{1}/_{2}\,O_2 \rightarrow CO_2$$

Kohlenstoffatome, die während des Verbrennungsvorgangs keinen Reaktionspartner finden, bleiben als Ruß übrig. Dies sind vor allem die Kohlenstoffreste der aromatischen Bestandteile, beispielsweise des Benzols. Dies kann bei der Verbrennung von Dämpfen flüssiger Kohlenwasserstoffe beobachtet werden, alle Flammen rußen. Bei Gasen ist wegen ihres großen Zündbereichs eine vollständige Verbrennung technisch einfacher zu bewerkstelligen, aber auch nur bedingt. Eine Acetylenflamme ohne Sauerstoffzusatz, das heißt bei Verbrennung in Luft, rußt mächtig.

1.2.9 Zündbereich und Zündgrenzen

Je mehr sich die Verbrennungspartner dem richtigen Mengenverhältnis – dem sogenannten stöchiometrischen Gemisch – nähern, umso rascher verläuft die Verbrennung. Umgekehrt, je weiter sie sich vom richtigen Mengenverhältnis entfernen, desto langsamer wird die Verbrennung, bis schließlich eine Grenze erreicht wird, wo überhaupt keine Verbrennung mehr stattfindet.

Den Bereich, in dem eine Zündung und Verbrennung möglich ist, nennt man Zündbereich, seine Grenzen heißen Zündgrenzen. An der »unteren« Zündgrenze liegt die niedrigste, an der »oberen« Zündgrenze liegt die höchste Brennstoffkonzentration (in Luft) vor. Zündbereich und Zündgrenzen werden auch als Explosionsbereich und Explosionsgrenzen bezeichnet. Der Zündbereich von Kohlenmonoxid in Luft ist in Bild 5 grafisch dargestellt. Eine Über-

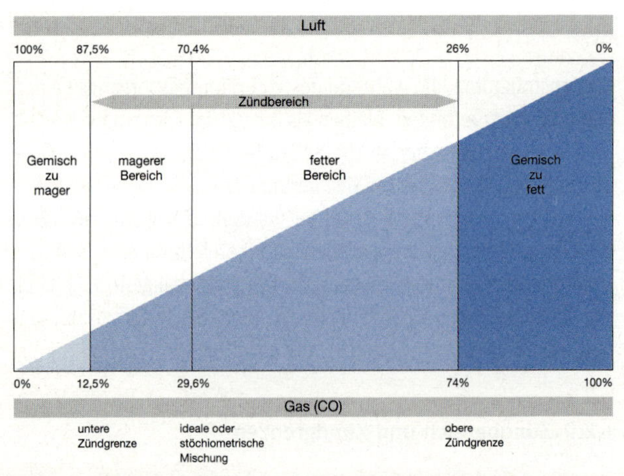

Bild 5: Der Zündbereich eines Gases, dargestellt am Beispiel des Kohlenmonoxids (CO).

Tabelle 2: Zündgrenzen (Explosionsgrenzen) von Gasen und Dämpfen in Luft

Gase	Zündgrenzen [Vol.-%]	Dämpfe	Zündgrenzen [Vol.-%]
Acetylen	1,5 ... 82	Aceton	2,5 ... 13,0
Butan	1,5 ... 8.5	Ethanol	3,5 ... 15,0
Erdgas	4,0 ... 1,7	Ether, Diethylether	1,7 ... 36
Methan	5,0 ... 15	Benzin (Kraftstoff)	0,6 ... 8,0
Propan	2,1 ... 9,5	Benzol	1,2 ... 8,0
Stadtgas	4,0 ... 40	Dieselkraftstoff,	
Wasserstoff	4,0 ... 75,6	Heizöl EL	0,6 ... 6,5
		Methanol	5,5 ... 44
		Schwefelkohlenstoff	1,2 ... 7,0
		Toluol	1,2 ... 7,0

sicht über die Zündgrenzen verschiedener Substanzen findet sich in Tabelle 2.

Die Daten der Tabelle gelten für Gemische von Gasen beziehungsweise Dämpfen mit Luft von normaler Sauerstoffkonzentration von 21 %. Eine Erhöhung der Sauerstoffkonzentration um nur wenige Prozent führt bereits zu einer wesentlichen Erweiterung des Zündbereiches und zu einer Erhöhung der Verbrennungsgeschwindigkeit. Im Gemisch mit reinem Sauerstoff erweitern sich die Zündgrenzen ganz erheblich nach oben. So beträgt dann der Zündbereich von

Ether 2,0–82 %
Methan 5,1–61 %
Propan 2,3–55 %
Wasserstoff 4,0–94 %.

Umgekehrt hat die Verminderung des Sauerstoffgehaltes der Luft eine Einengung des Zündbereichs und eine Verringerung der Verbrennungsgeschwindigkeit zur Folge, bis schließlich ein Grenzwert des Sauerstoffgehaltes erreicht wird, von dem ab die Verbrennung aufhört. Die niedrigste Sauerstoffkonzentration (in Luft oder inerten Gasen), bei welcher eine Verbrennung eben noch möglich ist, ist für die verschiedenen brennbaren Stoffe sehr unterschiedlich und beträgt zum Beispiel für

Wasserstoff	5,0 %	Propan	11,5 %
Kohlenstoffmonoxid	5,5 %	Butan	12,1 %
Alkohol, Ethanol	10,5 %	Methan	12,1 %
Benzol	11,2 %		

Die meisten brennbaren Stoffe erlöschen jedoch bereits, wenn der Sauerstoffgehalt der Luft unter 17 % absinkt.

1.2.10 Flammpunkt und Brennpunkt von brennbaren Flüssigkeiten

Das zur Verbrennung notwendige richtige Mengenverhältnis zwischen brennbarem Stoff und Sauerstoff wird besonders bei der Verbrennung von Dämpfen brennbarer Flüssigkeiten deutlich. Jeder Kraftfahrer weiß, daß ein Verbrennungsmotor nicht anspringt, wenn ihm nicht das richtige Kraftstoff/Luft-Gemisch zugeführt wird.

Brennbare Flüssigkeiten brennen nicht selbst, sondern nur ihre Dämpfe. Das hat seinen Grund darin, daß ihr Siedepunkt stets niedriger liegt als ihre Zündtemperatur, das heißt ein Brennstoffteilchen, das die Zündtemperatur erreicht, muß zwangsläufig verdampft sein. Flüssigkeiten geben bei jeder Temperatur Dampf ab – verdunsten. Je wärmer sie werden, desto mehr. Beim Siedepunkt verdampfen sie vollständig.

Bevor eine Zündung und Verbrennung erfolgen kann, muß eine ausreichende Dampfkonzentration über der Flüssigkeitsoberfläche vorhanden sein. Versucht man zum Beispiel Petroleum in einem offenen Gefäß bei normaler Temperatur mit einem über den Flüssigkeitsspiegel gehaltenen Streichholz zu entzünden, so gelingt dies nicht, da das Petroleum bei Zimmertemperatur noch nicht genügend Dämpfe entwickelt. Erst wenn die Flüssigkeit auf etwa 40 °C erwärmt wird, bildet sich soviel Dampf, daß über der Flüssigkeit ein zündfähiges Dampf/Luft-Gemisch entsteht. Das Gemisch ist dann zündfähig, wenn die untere Zündgrenze des Petroleums in Luft erreicht wird. Diese untere Zündgrenze des Dampf/Luft-Gemisches wird beim Erreichen einer spezifischen (d. h. stoffeigenen) Temperatur erreicht. Diese Temperatur nennt man den Flammpunkt (Bild 6 und Tabelle 3).

Der Flammpunkt einer brennbaren Flüssigkeit ist die niedrigste Flüssigkeitstemperatur, bei der sich unter festgelegten Bedingungen Dämpfe in solcher Menge entwickeln, daß über dem Flüssigkeitsspiegel ein durch Fremdentzündung entzündbares Dampf/Luft-Gemisch entsteht (DIN 14011).

Der Flammpunkt wird mit genormten Geräten bestimmt.

Mit dem Flammpunkt wird also eine gerade zündfähige Konzentration erreicht, die genau der unteren Zündgrenze entspricht. Da unterhalb des Flammpunkts keine Zündung und Verbrennung

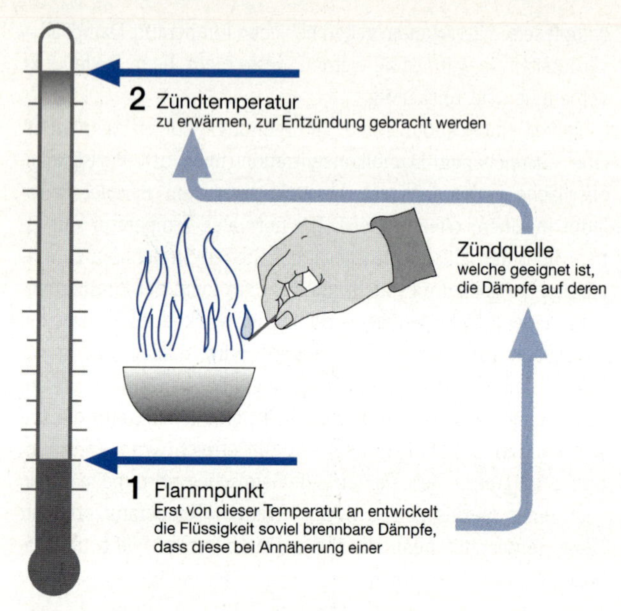

Bild 6: Bei der Entzündung von Flüssigkeiten müssen gleichzeitig zwei Temperatur-Bedingungen erfüllt sein;

1. Die Flüssigkeit muß mindestens auf die Temperatur ihres Flammpunktes erwärmt sein.
2. Die Dämpfe müssen mindestens auf ihre Zündtemperatur erwärmt sein.

möglich ist, entsteht erst dann Brand- oder Explosionsgefahr, wenn der Flammpunkt erreicht oder überschritten wird.

Die Verordnung über brennbare Flüssigkeiten – VbF – teilt die brennbaren Flüssigkeiten in zwei Gruppen ein:

Tabelle 3: Beispiele für Flammpunkte

Stoff	Flammpunkt [°C]	Stoff	Flammpunkt [°C]
Acetaldehyd	−27	Methylalkohol (Methanol)	11
Aceton	−19	Olivenöl	225
Alkohol (Ethylalkohol)	12	Paraffin	160
Ether (Diethylether)	−40	Pech	207
Asphalt	205	Petrolether (Gasolin)	−58
Benzin, je nach Zusammensetzung	−45 bis 10	Rapsöl	166
Testbenzin (Lackbenzin)	über 21	Schmieröl f. Lager	ca. 165
Benzol, rein	−11	Schwefelkohlenstoff	−30
Dieselkraftstoff, Heizöl	mind. 55	Solventnaphta (Lösungsbenzol)	ca. 35
Glycerin	160	Spiritus, denaturiert	16
Glykol (Ethylen-)	111	Stearin	196
Kampfer	66	Teer (Kokerei)	90
Leinöl	224	Terpentinöl	35
Leuchtpetroleum	ca. 40	Toluol	4
		Xylol	25

Gruppe A: Flüssigkeiten, die bei 15 °C nicht oder nur teilweise in Wasser lösbar sind
zum Beispiel Benzin, Benzol, Dieselöl

Gruppe B: Flüssigkeiten, die bei 15 °C beliebig in Wasser lösbar sind und deren Flammpunkt unter 21 °C liegt
zum Beispiel Alkohol, Aceton

Die Gruppe A wird nochmal nach Flammpunkten in drei Gefahrklassen unterteilt:

Gefahrklasse A I Flammpunkt unter 21 °C (Zimmertemperatur)

Gefahrklasse A II Flammpunkt von 21 °C bis 55 °C
(Höchste Temperatur durch Sonneneinstrahlung in unserer geographischen Breite)
Gefahrklasse A III Flammpunkt über 55 °C bis 100 °C

Ein Flammpunkt von 100 °C bildet keine physikalische Grenze, aber Flüssigkeiten mit einem Flammpunkt über 100 °C fallen nicht mehr unter den Geltungsbereich und die Sicherheitsvorschriften der VbF.

Entzündet man die beim Flammpunkt über dem Flüssigkeitsspiegel vorhandene geringe Dampfmenge, so verbrennt sie mit kurzem Aufflammen. Die Flamme erlischt wieder, da die brennbaren Dämpfe bei dieser Flüssigkeitstemperatur nicht schnell genug nachverdampfen, so daß ein dauerndes Fortbrennen stattfinden kann. Hierzu muß die Flüssigkeit eine etwas höhere Temperatur aufweisen, die man Brennpunkt nennt.

Der Brennpunkt einer brennbaren Flüssigkeit ist die Temperatur, bei der sich Dämpfe in solcher Menge entwickeln, daß nach ihrer Entzündung durch eine Zündquelle ein selbständiges Weiterbrennen erfolgt. Die Differenz zwischen Flammpunkt und Brennpunkt beträgt nur wenige Grad und ist von geringer praktischer Bedeutung. Eine Übersicht über die in diesem Abschnitt beschriebenen Temperaturpunkte zeigt Bild 7.

1.2.11 Schnell verlaufende Verbrennungsvorgänge Verpuffung – Explosion – Detonation

Eine Verbrennung verläuft besonders schnell, wenn das richtige Mengenverhältnis zwischen brennbarem Stoff und Sauerstoff vor-

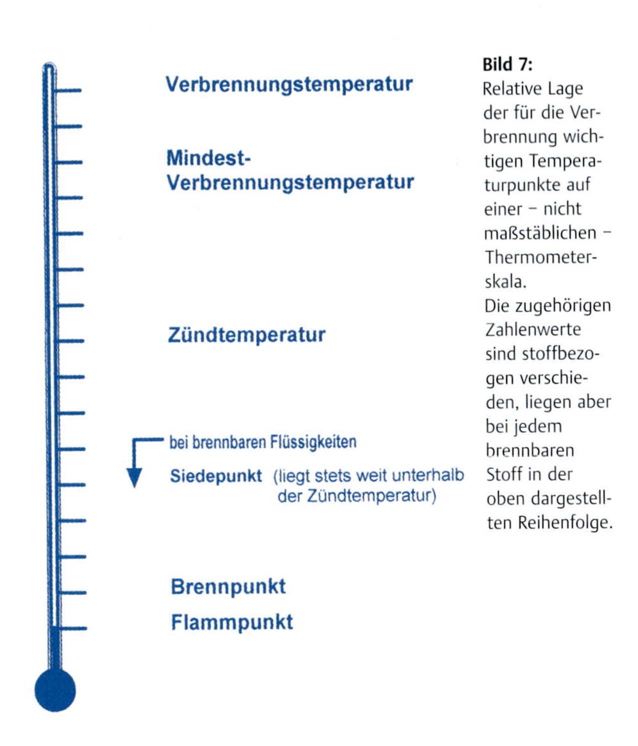

Bild 7: Relative Lage der für die Verbrennung wichtigen Temperaturpunkte auf einer – nicht maßstäblichen – Thermometerskala.
Die zugehörigen Zahlenwerte sind stoffbezogen verschieden, liegen aber bei jedem brennbaren Stoff in der oben dargestellten Reihenfolge.

liegt und keine störenden Beimengungen wie zum Beispiel Stickstoff vorhanden sind. Die größtmögliche Verbrennungsgeschwindigkeit wird erzielt, wenn der brennbare Stoff in feinster Verteilung – mit idealer Oberfläche – mit reinem Sauerstoff vermischt wird, wie es beispielsweise in einem brennbaren Gas/Sauerstoff-Gemisch der Fall ist.

Eine praktische Anwendung ist das Acetylen/Sauerstoff-Gemisch im Schweißbrenner, mit dem Flammentemperaturen von mehr als 3000 °C erreicht werden.

Je nach der Verbrennungsgeschwindigkeit unterscheidet man:

- *Verpuffung:* rasch verlaufende Verbrennung (schwache Explosion) mit geringer Druck- und Geräuschentwicklung.
Beispiele: Gas- oder Dampf/Luft-Gemische in der Nähe ihrer Zündgrenzen.
- *Explosion*: außerordentlich schnell verlaufende Verbrennung eines Stoffes oder Stoffgemisches unter starker Wärme-, Druck-, Licht- und Geräuschentwicklung (Lichtblitz und Explosionsknall).
Beispiele: brennbare Gase, Dämpfe, Nebel oder Stäube im richtigen Mischungsverhältnis mit Luft, »explosionsfähige Atmosphäre«, Schwarzpulver.

Unter einer Explosion wird brandschutztechnisch immer eine Verbrennungsexplosion, das heißt ein Oxidationsvorgang verstanden, keine mechanische Zerstörung durch Kräfte (Druckgefäßzerknall, Auseinanderfliegen von Schwungmassen) oder eine Atomkernreaktion.

- *Detonation*: aufs äußerste gesteigerte Explosion, die dadurch gekennzeichnet ist, daß die Zündung sich nicht mehr durch Wärmeübertragung von einem Stoffteilchen auf das benachbarte fortpflanzt, sondern durch die Kompressionswärme ausgelöst wird, die in der Front der Detonations-Druckwelle entsteht.
Die Durchzündung verläuft mit Überschallgeschwindigkeit.
Beispiele: brennbare Gase oder Dämpfe im richtigen Mischungsverhältnis mit reinem Sauerstoff (Knallgas), Sprengstoffe.
Auch das »Klopfen« von Verbrennungsmotoren beruht auf Detonationen.

Die drei Vorgänge lassen sich auch nach der Größenordnung ihrer Verbrennungsgeschwindigkeit unterscheiden:

Verpuffung: Größenordnung cm/s
Explosion: Größenordnung m/s
Detonation: Größenordnung km/s

Beispiele:

Explosion eines Benzindampf/Luftgemisches	etwa	10 m/s
Explosion von Schwarzpulver	etwa	300 m/s
Detonation eines Acetylen/Sauerstoff-Gemisches	etwa	2,4 km/s
Detonation von Sprengstoff (Trinitrotoluol TNT)		6,7 km/s.

Die bei der Explosion von Gas-, Dampf-, Nebel- oder Staub/Luftgemischen auftretenden Explosionsdrücke erreichen Höchstwerte zwischen 7 und 10 bar. Sie reichen schon aus, um Gebäude total zu zerstören. Schon Überdrücke von 0,5 bis 1,5 bar reichen aus, um irreparable Schäden an Gebäuden zu verursachen. (1 Pascal [Pa] = 1 N/m^2; 1 bar = 100 000 Pa = 100 000 N/m^2).

Bei der Detonation von Sprengstoffen können Drücke bis 350 000 bar entstehen.

1.2.12 Zündtemperatur

Eine Verbrennung wird durch den Vorgang der Entzündung eingeleitet. Der Eintritt der Entzündung macht sich durch das Entstehen einer Lichterscheinung (Feuererscheinung) am entzündeten Stoff bemerkbar. Die erste Lichterscheinung kann sich je nach Art und Beschaffenheit des brennbaren Stoffes als Glimmen oder Aufglühen (Glut) oder Entflammen (Flamme) äußern.

Die Entzündung tritt ein, wenn ein brennbarer Stoff unter den zur Verbrennung notwendigen Voraussetzungen (Berührung mit Sauerstoff im richtigen Mengenverhältnis, Fehlen hemmender Stoffe) auf eine gewisse Mindest-Temperatur erwärmt wird. Die Mindesttemperatur, die unter normalen Bedingungen zum Herbeiführen der Entzündung erforderlich ist, wird als Zündtemperatur des betreffenden Stoffes bezeichnet. Sie ist eine spezifische, das heißt stoffeigene, chemische Größe.

Die Zündtemperatur ist die niedrigste Temperatur der erwärmten Oberfläche eines brennbaren Stoffes, an der dieser in Berührung mit Luftsauerstoff nach kurzer Einwirkung der Wärme (höchstens fünf Minuten) gerade noch zum Brennen angeregt wird. Beispiele für Zündtemperaturen sind in Tabelle 4 zusammengefaßt. Die Zeit vom Beginn der Einwirkung der Zündquelle bis zur Entzündung des Brennstoffes nennt man Zündverzug (siehe Seite 45).

Für die Bestimmung der Zündtemperatur kompakter fester Stoffe gibt es kein genormtes Prüfverfahren, für brennbare Gase und Dämpfe ist die Prüfanordnung in DIN 51 794 vorgeschrieben. Bei brennbaren Stäuben, die als Schicht auf einer erwärmten Oberfläche liegen, wird die Temperatur der Oberfläche, die beim Eintritt des Glimmens gemessen wird, als *Glimmtemperatur* bezeichnet.

Die Zündtemperatur kann praktisch nur indirekt als Temperatur einer warmen Oberfläche bestimmt werden, mit der der betreffende Stoff in Berührung gebracht wird. Sie ist keine konstante und präzise Stoffeigenschaft, sondern nur ein ungefährer Wert, der je nach den Versuchsbedingungen (Versuchsanordnung, Gefäß, Druck, Klima, Wärmeeinwirkungsdauer) erheblich schwanken kann.

Tabelle 4: Beispiele von Zündtemperaturen (in Luft)

Stoff	Zündtemperatur [°C]
Gase	
Acetylen	305
Ammoniak	630
Butan	365
Kohlenstoffmonoxid	605
Methan, Grubengas, Erdgas	ca. 600
Propan	460
Stadtgas	560
Wasserstoff	560
Dämpfe	
Acetaldehyd	140
Aceton	540
Ether (Diethylether)	170
Ethanol (Ethylalkohol)	425
Benzin, je nach Zusammensetzung	220...450
Fahrbenzin	220
Testbenzin	240
Benzol, rein	555
Dieselkraftstoff	220...350
Glyzerin	400
Heizöl	ca. 250
Kampfer	460
Leinöl	340
Methanol (Methylalkohol)	445
Naphtalin	540
Olivenöl	440
Paraffin	250
Petrolether	280
Rapsöl, Rüböl	445
Rizinusöl	450
Schwefelkohlenstoff	102
Solventnaphtha (Lösungsbenzol)	500
Stearin	395
Teer (Kokerei)	600
Terpentinöl	240

Tabelle 4: Fortsetzung

Stoff	Zündtemperatur [°C]
Dämpfe	
Toluol	535
Xylol	470
Feste Stoffe	
Holz	
Fichte	280
Buche	295
Eiche	
Papier	
Zeitungspapier	185
Seidenpapier	260
Kreppapier	280
Schreibpapier	380
Kohlen	
Holzkohle	140...200
Braunkohle	230...240
Steinkohle	350
Anthrazit	480
Gaskoks	450...600
Hüttenkoks	600...750
Graphit	700...750
Baumwolle	450
Baumwollwatte	320
Tabak	175
Phosphor, roter	260
weißer (gelber), selbstentz.	30
Schwefel	215
Schieß- und Sprengstoffe	
Kollodiumwolle	185
Dynamit[a]	180
Nitroglyzerin	160
Schießbaumwolle	185

[a] Dynamit brennt bei dieser Temperatur, ohne zu detonieren.

Man sollte daher auch den Begriff »Zündpunkt« vermeiden, da er zu einer falschen Vorstellung von der Genauigkeit der Angabe führt. Auch ist es nicht zweckmäßig, denselben Begriff auf verschiedene Weise zu benennen, wenngleich dies zuweilen üblich ist (Brand/Feuer, Zündbereich/Explosionsbereich).

Trotz der unvollkommenen Genauigkeit aller Angaben über Zündtemperaturen besitzen diese Zahlen doch erhebliche praktische Bedeutung als Grundlage für die Beurteilung des Verhaltens brennbarer Stoffe bei höheren Temperaturen und für das Festlegen entsprechender Schutzmaßnahmen.

So werden zum Beispiel gemäß DIN/VDE 0165 brennbare Gase und Dämpfe nach ihren Zündtemperaturen in fünf Zündgruppen eingeteilt und elektrische Betriebsmittel hinsichtlich ihrer Verwendbarkeit in explosionsgefährdeten Räumen entsprechenden Sicherheitsklassen zugeordnet (Tabelle 5).

Tabelle 5: Gemäß DIN/VDE 0165 ordnet man Gase und Dämpfe nach ihren Zündtemperaturen in Zündgruppen ein.

Zündtemperaturen	Zündgruppe	Beispiele
über 450 °C	G 1	Aceton, Benzol, Methan, Propan, Erdgas, Stadtgas, Wasserstoff
über 300 bis 450 °C	G 2	Aceton, Ethylalkohol, Butan
über 200 bis 300 °C	G 3	Benzin, Diesel-/Heizöl, Terpentin
über 135 bis 200 °C	G 4	Ethylether, Acetaldehyd
über 100 bis 135 °C	G 5	Schwefelkohlenstoff

1.2.13 Entzündungsvorgänge

Zur Einleitung des Verbrennungsvorganges – zum Entzünden – ist eine für jeden brennbaren Stoff verschieden hohe Temperatur, die Zündtemperatur erforderlich. Um diese Temperatur zu erreichen, muß dem Stoff eine bestimmte Wärmemenge zugeführt werden. Je nachdem, ob diese Wärmeenergie von außen zugeführt wird oder aus der eigenen Reaktionswärme des brennbaren Stoffes stammt, ist zwischen zwei verschiedenartigen Entzündungsvorgängen zu unterscheiden:

- Die *Fremdentzündung* ist eine Entzündung durch eine dem brennbaren Stoff von außen zugeführte Zündenergie. Als Zündenergie wird die von einer Zündquelle (offene Flamme, Funken, Lichtbogen, warme Oberfläche, Kompression) abgegebene und zur Entzündung führende Wärmeenergie bezeichnet.
- Die *Selbstentzündung* ist eine Entzündung ohne Energiezufuhr von außen durch die eigene Reaktionswärme des brennbaren Stoffes.

Fremdentzündung

Wird die Temperatur eines brennbaren Stoffes durch Einwirken einer Zündquelle erhöht, so führt dies gleichzeitig zu einer Steigerung seiner Oxidationsgeschwindigkeit (siehe Seite 11). Durch die bei der beschleunigten Oxidation entsprechend schneller freigesetzte Oxidationswärme wird die Temperatur noch weiter erhöht. Erst diese zusätzliche Temperaturerhöhung, die bei gasförmigen Stoffen mehr als 100 K betragen kann, führt zur Entzündung. Die Entzündung erfolgt also nicht schon unmittelbar bei Erreichen der Zündtemperatur an der Oberfläche, sondern erst nach der zusätzlichen Temperaturerhöhung durch die eigene Oxidationswärme des brennbaren Stoffes. Die Entzündung tritt daher nicht schon in dem Augenblick ein, in dem der brennbare Stoff die Temperatur der Zündquelle angenommen hat. Vielmehr vergeht bis zum Auftreten der ersten Lichterscheinung (Feuerscheinung) noch eine meßbare Zeit, die als *Zündverzugszeit* bezeichnet wird. Die Dauer des Zündverzugs ist abhängig vom chemischen Aufbau, von der spezifischen Wärme, der spezifischen Oberfläche, der Wärmeübergangszahl und der Ausgangstemperatur des Brennstoffes und von der Temperaturdifferenz zur Zündquelle. Die Zündverzugszeit ist umso länger, je niedriger die Temperatur der Zündquelle ist. Da die angegebenen Tabellenwerte von Zündtemperaturen jeweils die niedrigsten Meßwerte darstellen, gehören zu ihnen auch relativ lange Zündverzugszeiten (nach DIN 51 794 bis zu fünf Minuten). Umgekehrt ergeben sich extrem kurze Verzugszeiten bei energiereichen Zündquellen, deren Temperatur weit über der Mindestzündtemperatur des brennbaren Stoffes liegt.

Bei festen Stoffen wird die Entzündung auch durch die zur chemischen Zersetzung (Pyrolyse) erforderliche Zeit verzögert.

In Abhängigkeit von der spezifischen Oberfläche (siehe Seite 20) ist eine bestimmte Wärmemenge – Zündenergie – erforderlich, um einen brennbaren Stoff zu entzünden. So genügt bei Gasen und Dämpfen mit »idealer« Oberfläche eine sehr geringe Zündenergie, um Gasteilchen auf ihre Mindestzündtemperatur zu erwärmen, zum Beispiel ein Funke. Um kompakte feste Stoffe zu entzünden, muß eine große Wärmemenge von der Zündquelle auf den brennbaren Stoff übertragen werden, um ihn auf seine Zündtemperatur zu erwärmen. Dazu bedarf es entweder einer energiereichen Zündquelle oder einer langen Zeit.

Selbstentzündung

Eine Selbstentzündung kann nur dann eintreten, wenn zusätzlich zu den normalen vier Vorbedingungen der Verbrennung noch zwei besondere Voraussetzungen erfüllt sind:

- der brennbare Stoff muß bereits bei normaler Temperatur merklich oxidieren und
- die bei der Oxidation des Stoffes entstehende Wärme darf nicht vollständig an die Umgebung abgegeben werden.

Unter diesen Voraussetzungen nimmt die Selbstentzündung folgenden Verlauf: Der brennbare Stoff verbindet sich bereits bei normaler Temperatur in stärkerem Umfang mit Sauerstoff. Hierbei wird Wärme frei. Sofern die Wärmeerzeugung rascher erfolgt als die Wärmeabführung an die Umgebung (»Wärmestau«), kommt es zu einer Temperaturerhöhung. Die Steigerung der Temperatur bewirkt nun eine starke Erhöhung der Oxidationsgeschwindigkeit. Bei Umgebungstemperaturen und bis etwa 200 °C gilt die Van't Hoffsche Regel, die besagt, daß eine Temperaturerhöhung um 10 K die Reaktionsgeschwindigkeit um das Doppelte bis Dreifache steigert. Die Oxidationsgeschwindigkeit steigert sich also bei einer Temperaturerhöhung um 100 K schon um mindestens das Tausendfache. Durch die schnellere Oxidation wird auch entsprechend schneller Wärme erzeugt, was wiederum zu einem rascheren Temperaturanstieg führt, der seinerseits wieder die Oxidationsgeschwindigkeit steigert. Der Vorgang »schaukelt sich auf«, bis die Temperatur die Zündtemperatur erreicht (Bild 8). Damit tritt die Zündung – in diesem Fall die Selbstentzündung ein. Begünstigend für eine Selbstentzündung wirken alle Einflüsse, die die Oxidationsgeschwindigkeit erhöhen, wie höhere Ausgangs- und Um-

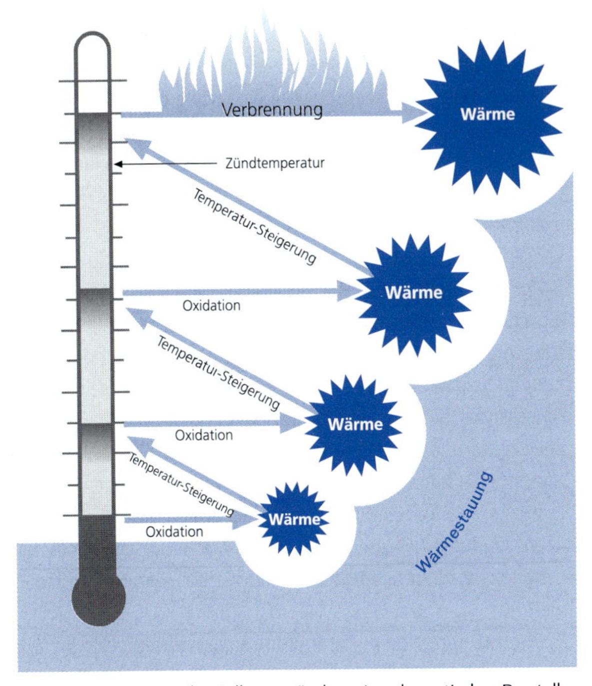

Bild 8: Der Vorgang der Selbstentzündung in schematischer Darstellung: Der zum besseren Verständnis hier in Stufen dargestellte Vorgang verläuft praktisch stetig fortschreitend. Mit zunehmender Temperatur steigt die Oxidationsgeschwindigkeit.

gebungstemperatur, höherer Luftdruck, erhöhte Sauerstoffkonzentration, katalytische Einflüsse, Feuchtigkeit.

Folgende Stoffe neigen besonders zur Selbstentzündung: weißer Phosphor, Braunkohlenbriketts in Stapeln, mit »trocknenden« Ölen pflanzlichen oder tierischen Ursprungs getränkte Faserstoffe, feucht eingebrachtes Heu. Bei letzterem wird die Selbstentzündung durch den Stoffwechsel von Bakterien eingeleitet, wobei Temperaturen bis 70 °C entstehen können. Von dieser Temperatur ab findet bereits eine merkliche Oxidation des pflanzlichen Materials statt, deren Oxidationswärme in einem Heustock nicht abströmen kann, und es kommt zur Selbstentzündung.

Bei ölgetränkten Faserstoffen werden die Voraussetzungen der Selbstentzündung durch die Kombination von Öl und Faserstoff erfüllt. Durch ihre Verteilung auf dem Faserstoff (z. B. Putzwolle) erhalten die Öle eine außerordentlich große Oberfläche (Dochtwirkung). Die damit geschaffene große Berührungsfläche mit dem Luftsauerstoff ermöglicht eine intensive Oxidation.

Pflanzliche und tierische Öle trocknen durch Einbau von Sauerstoffatomen. Geschieht dies im Inneren von Ballen oder Haufen, so kommt es zur Selbstentzündung. Bekannt sind auch Fälle von Selbstentzündung in Wäschereien, wo Wäsche in vom Trocknen oder Bügeln erhitztem Zustand in größeren Mengen gestapelt wurde.

Zur Vermeidung von Selbstentzündungen dürfen deshalb dazu neigende Stoffe nicht dicht oder in großer Menge gestapelt oder angehäuft werden, so daß die entstehende Oxidationswärme abgeführt wird.

1.2.14 Brandparallelerscheinung Rauch

Während die vollständige Verbrennung eines reinen Kohlenwasserstoffes nur unsichtbare Verbrennungsprodukte – CO_2 und Wasserdampf – entstehen läßt, entsteht bei unvollständiger Verbrennung das ebenfalls unsichtbare, giftige CO und sichtbarer Rauch, der mit steigendem Rußanteil immer dichter und dunkler wird. Beim Naturbrand sind jedoch außer reinen Kohlenwasserstoffen stets auch andere Stoffe beteiligt, die entweder durch die Pyrolyse entstehen oder durch die Verbrennung mit den organischen Stoffen und deren Verbrennungsprodukten reagieren. Auch enthält der Brandrauch unverbrannte Brennstoffreste. Brandrauch ist deshalb ein Gemisch aus Gasen, Aerosolen und festen Partikeln.

Der Rauch ist toxisch (Atemgift), er verdrängt die Luft und damit den Sauerstoff, er nimmt die Sicht, führt zu Panikhandlungen und erschwert und verzögert Menschenrettung und Löschangriff der Feuerwehr. Außerdem wird natürlich auch ein hoher Anteil des materiellen Brandschadens durch den Rauch verursacht. Werden brennbare Stoffe durch den Zusatz von Chemikalien, beispielsweise von Chlorverbindungen, schwerentflammbar gemacht, so brennen sie träger und erlöschen ohne äußere Wärmezufuhr von selbst.

Träges Brennen bedeutet aber starkes Qualmen.

Die aus solchen »Qualmern« entstehenden Rauchgasmengen sind erheblich. Ein Kilogramm fester Stoff kann bis zu 2 500 m^3 Rauchgas entwickeln.

Da das Kohlenstoffmonoxid CO die tödliche Komponente des Brandrauchs darstellt, ist es immer richtig, ein Feuer zu ventilieren, um eine vollständigere Verbrennung zu erreichen. Ein ventilierter Brand verhindert zudem eine Durchzündung im Brandraum.

1.3 Wärme

Die Begriffe Wärme und Temperatur dürfen keinesfalls verwechselt werden, da sie völlig unterschiedliche Bedeutung besitzen.

Die *Wärme* ist eine Form der *Energie*.
Die *Temperatur* ist ein *Zustand* eines Stoffes.

Die Maßeinheit für die Wärmemenge (Q) ist nach dem Gesetz über Einheiten im Meßwesen das Joule (sprich dschul), Abkürzung J.

1 J = 1 Nm (Newtonmeter) = 1 Ws (Wattsekunde).

Heizwerte werden auch in kWh (Kilowattstunden) angegeben
1 kWh = $3{,}6 \cdot 10^6$ J = 3 600 kJ = 3,6 MJ.

Die früher verwendete Einheit Kalorie und Kilokalorie ist nicht mehr zulässig (1 cal = 4,2 J, 1 kcal = 4,2 kJ).

Die Maßeinheit für die Temperatur (T) ist der Grad Celsius, Abkürzung °C. Ein Grad Celsius ist auf der Thermometerskala der hunderste Teil des Abstandes zwischen dem Gefrierpunkt (0 °C) und dem Siedepunkt (100 °C) des Wassers bei 1 013 mbar.

Zur Angabe der absoluten Temperatur (T) über dem absoluten Nullpunkt bei –273,15 °C wird die Einheit Kelvin (K) verwendet.

0 °C = 273,15 K, 0 K = –273,15 °C, δ 1 °C = δ 1 K

Die physikalischen Wirkungen der Wärme werden in den folgenden Abschnitten beschrieben.

1.3.1 Wärmeausdehnung

Alle festen, flüssigen und gasförmigen Stoffe dehnen sich bei Erwärmung aus und ziehen sich bei Abkühlung zusammen. Eine Ausnahme (Anomalie) bildet lediglich das Wasser, und zwar nur im Temperaturbereich von 0 °C bis +4 °C. Bei Erwärmung von 0 °C auf +4 °C zieht sich Wasser zusammen, so daß es bei 4 °C seine größte Dichte besitzt.

Beispiele für die Ausdehnung

- fester Stoffe: Ein Stahlträger von zehn Metern Länge dehnt sich bei Erwärmung auf 700 °C um rund neun Zentimeter aus (Einsturzgefahr),
- flüssiger Stoffe: Der Inhalt eines Fahrzeugtanks von 60 Litern dehnt sich bei Erwärmung von 10 °C auf 45 °C um 2,1 Liter aus (Brandgefahr),
- gasförmiger Stoffe: Gase dehnen sich bei einer Temperaturerhöhung um 273 °C auf das Doppelte ihres Volumens aus.

Die Wärmeausdehnung von Gasen ist eine Ursache des Explosionsdruckes bei Verbrennungsexplosionen. Wird ein Gas im geschlossenen Raum erwärmt, so daß es sich nicht ausdehnen kann, steigt der Druck entsprechend an. In einer Druckgasflasche mit 150 bar Fülldruck steigt der Druck bei Erwärmung um 273 °C auf 300 bar, bei Erwärmung um 546 °C auf 450 bar an. Das bedeutet äußerste Zerknallgefahr, da gleichzeitig die Festigkeit der Stahlflasche verloren geht (s. u.).

Bei ungleichmäßiger Erwärmung eines festen Stoffes dehnen sich die heißen Stellen stärker aus als die kälter gebliebenen. Dadurch entstehen innere Spannungen und gewisse Stoffe zerspringen bei ungleichmäßiger Erwärmung oder plötzlicher stellenweiser Abkühlung (Glas, Faserzement). Auch eine inhomogene Zusammensetzung eines Körpers aus Stoffen mit unterschiedlichem Wärmeausdehnungsverhalten kann bei Erwärmung ein Zerspringen verursachen (Naturstein).

1.3.2 Änderung des Aggregatzustandes

Bei Erwärmung gehen die meisten festen Stoffe beim Schmelzpunkt erst in den flüssigen Zustand über, bei weiterer Erwärmung steigt der Dampfdruck, das heißt die Geschwindigkeit des Verdampfens der Flüssigkeit, um beim Siedepunkt vollständig in den gasförmigen Zustand überzugehen.

Zur Änderung des Aggregatzustandes ist jeweils eine bestimmte Wärmemenge erforderlich: beim Schmelzen die »Schmelzwärme«, beim Verdampfen die »Verdampfungswärme«.

Um 1 kg Eis von 0 °C in Wasser von 0 °C umzuwandeln, sind 350 kJ nötig. Um 1 kg Wasser von 100 °C in Dampf von 100 °C zu verwandeln werden 2 257 kJ verbraucht.

1.3.3 Änderung der Festigkeitswerte

Bei Erwärmung ändert sich die Festigkeit (Druck- und Zugfestigkeit, Elastizität) der festen Körper. Diese Veränderungen sind für das Brandverhalten der Baustoffe von großer Bedeutung. Stahl besitzt bei 500 °C nur noch die Hälfte, bei 600 °C nur noch ein Drittel seiner Tragfähigkeit. Die Tragfähigkeit von Stahlkonstruktionen läßt sich im Brandfall nur schwer beurteilen, da die kritische Erwärmung und der damit verbundene Festigkeitsverlust schon unterhalb des sichtbaren Lichts (Glühen) eintreten. Mit plötzlichem Einsturz muß daher immer gerechnet werden. Mineralische Baustoffe (Gips, Mörtel) verlieren unter dem Einfluß der Brandwärme ihre Festigkeit, da das Kristallwasser ausgetrieben wird, und die Stoffe zerfallen (amorph werden).

Besonders ausgeprägt ist der Festigkeitsverlust bei sogenannten thermoplastischen Kunststoffen. Sie erweichen schon bei Temperaturen ab 100 °C (Dübel, Befestigungselemente von Elektrokabeln). Die chemische Eigenschaft eines Stoffes »brennbar« oder »nichtbrennbar« hat auf die geschilderten physikalischen Vorgänge keinerlei Einfluß.

1.3.4 Wärmeübertragung

Bei der Ermittlung von Brandursachen spielt die Frage, auf welche Weise die Wärme einer Zündquelle auf einen brennbaren Stoff übertragen worden ist, für die Rekonstruktion des Zündvorganges oft eine ausschlaggebende Rolle. Es ist daher wichtig zu wissen, auf welche Weise Wärme von einem Stoff auf einen anderen übertragen werden kann.

Es gibt drei Arten der Wärmeübertragung:

- Wärmeleitung ist die Übertragung von Wärme in festen und unbewegten flüssigen oder gasförmigen Stoffen zwischen unmittelbar benachbarten Stoffteilchen (Bild 9). Nach ihrer Wärmeleitfähigkeit unterscheidet man gute (Metalle) und schlechte Wärmeleiter (Luft, Holz, Glas, Schaumstoffe, Wasser).
- Wärmemitführung (Konvektion) ist die Übertragung von Wärme in bewegten gasförmigen oder flüssigen Stoffen. Flüssigkeiten und Gase dehnen sich bei Erwärmung aus und werden da-

durch leichter als die kälteren Teile. Sie steigen oder schwimmen auf. Dadurch entsteht eine Strömung, in der die Wärme mitgeführt (convehi = mitfahren) wird (siehe Bild 9). Eine Strömung, die durch Temperaturunterschiede selbständig abläuft, nennt man freie Konvektion; wird sie durch Pumpen oder Ventilatoren bewirkt, dann spricht man von erzwungener Konvektion. Im Inneren eines Heizkörpers einer Warmwasserheizung erfolgt eine erzwungene Konvektion durch die Umwälzpumpe der Heizung, die das Wasser durch das Rohrsystem pumpt. Außerhalb des Heizkörpers erfolgt der Wärmeaustausch in der Raumluft durch freie Konvektion. Da nicht die Wärmeenergie strömt, sondern das Medium, das die Wärme mitführt, sind die Begriffe »Wärmestrom« oder »Wärmeströmung« hier nicht richtig und daher zu vermeiden.

- Wärmestrahlung ist die Wärmeübertragung durch elektromagnetische Strahlung, die ein Stoff in Abhängigkeit von seiner Temperatur an die Umgebung abgibt. Sie erfolgt im Bereich unterhalb des sichtbaren Lichtes als Infrarotstrahlung, ab etwa 550 °C wird die Strahlung als Licht (Flammen, Glut) sichtbar. Durch die Abgabe der Strahlungsenergie verliert der Körper Wärmeenergie (siehe Bild 9).

Die Strahlung bedarf keines Übertragungsmediums, sie geht – wie das Licht (Sonne) – durch den leeren Raum. Luftbewegungen lenken die Strahlung nicht ab. Die Wärmestrahlung ist gegen den Wind meist stärker, da sie mit dem Wind vom Rauch teilweise absorbiert wird. Die Wärmestrahlung kann bei Großbränden über Entfernungen von 30 bis 40 Metern noch brennbare Stoffe entzünden.

Die Wärmestrahlung eines Körpers beginnt beim absoluten Nullpunkt und steigt mit der vierten Potenz der absoluten Tempe-

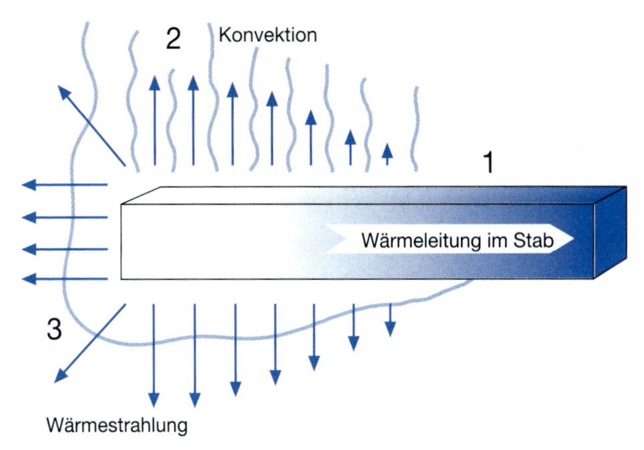

Bild 9: Der am linken Ende weißglühende Eisenstab gibt seine Wärme gleichzeitig durch Leitung, Konvektion und Strahlung ab. Ein Gegenstand an der Stelle 1 wird nur durch Wärmeleitung, ein Gegenstand an der Stelle 2 durch Strahlung und Konvektion, an der Stelle 3 nur durch Strahlung erwärmt.

ratur, also steil an. Die Strahlungsintensität nimmt dagegen mit dem Quadrat der Entfernung vom Strahler ab, das heißt bei doppelter Entfernung beträgt die Strahlung noch ein Viertel, bei dreifacher Entfernung ein Neuntel usw.

Außer diesen naturwissenschaftlich klassifizierten Arten der Wärmeübertragung wird beim Naturbrand Wärme noch durch andere Vorgänge übertragen:

- Flugfeuer: Durch die Konvektion herrscht über einer Brandstelle ein starker thermischer Auftrieb. Dadurch oder auch durch starken Wind können glühende Teile mitgerissen werden und an anderer Stelle zur Zündquelle werden.

- Brennendes Abfallen oder Abtropfen: Wenn brennende Bauteile sich aus ihrer Verankerung lösen und herabfallen oder thermoplastische Kunststoffe, Teer, Zinn oder Aluminium brennend oder glühend abtropfen, so können darunter liegende brennbare Stoffe entzündet werden. Gleiches gilt für Schweißperlen.
- Brennbare Flüssigkeiten können im Brandgeschehen brennend über- oder auseinanderlaufen oder umherspritzen (»Fettexplosion«), was zu einer sofortigen Entzündung brennbarer Stoffe in der Umgebung führt.

Allen diesen Vorgängen ist gemeinsam, daß sich Stoffe mit hoher Temperatur durch physikalische Vorgänge ausbreiten und ihren Wärmeinhalt an anderer Stelle abgeben.

1.3.5 Wärmebilanz

Um eine Verbrennung einzuleiten, muß ein Stoff auf seine Zündtemperatur erwärmt werden. Dazu muß ihm eine bestimmte Wärmemenge zugeführt werden (Fremdentzündung) oder durch eigene Oxidation des Stoffes erzeugt werden (Selbstentzündung). Dies erfordert eine bestimmte Zeit. Während dieser Zeit gibt der Stoff aber wieder Wärme an seine Umgebung ab. Die Wärmezufuhr muß deshalb die Wärmeabgabe erheblich übersteigen, damit es zu einer Temperaturerhöhung bis zur Zündung kommt.

Von Wärmestau kann man sprechen, wenn an einer Stelle mehr Wärme entsteht, als an die Umgebung abgegeben wird.

Eine Wärmestauung hat daher stets eine Temperatursteigerung zur Folge. Da eine Temperatursteigerung die Reaktionsgeschwindigkeit wesentlich erhöht, muß auch die Verbrennungsgeschwindigkeit zunehmen, solange mehr Verbrennungswärme erzeugt als abgeführt wird. Wird die Verbrennung beschleunigt, so wird auch schneller Wärme freigesetzt. Mit steigender Temperatur nehmen aber auch die Wärmeverluste erheblich zu: die Strahlung nimmt mit der vierten Potenz der absoluten Temperatur zu, die Konvektion, die ja Wärme abführt, läuft schneller ab (größere Thermik) und auch die Wärme(ab)leitung ist wegen des größeren Temperaturgefälles zur Umgebung größer (Bild 10). So stellt sich schließlich ein Gleichgewichtszustand ein, bei welchem die Verbrennungswärme im gleichen Maß, in dem sie erzeugt wird, auch wieder abgegeben wird. In diesem Zustand der ausgeglichenen Wärmebilanz verläuft dann die Verbrennung mit etwa gleichbleibender Geschwindigkeit und Temperatur.

Wird hingegen die freiwerdende Verbrennungswärme rascher abgeführt, als sie erzeugt wird, so kann sich der Verbrennungsvorgang durch die eigene Energieerzeugung nicht selbst aufrechterhalten. Das ist bei den »schwer brennbaren« und »schwerentflammbaren« Stoffen (siehe Seite 19) der Fall. Bei diesen reicht die freiwerdende Energie nicht aus, um den gleichzeitigen Verlust an die Umgebung und die zur Pyrolyse und Entzündung der benachbarten Stoffteilchen benötigte Wärmeenergie zu decken. Infolgedessen sinkt die Verbrennungstemperatur nach Entfernen der Zündquelle unter die Mindestverbrennungstemperatur und die Verbrennung hört auf.

In der Löschtechnik versucht man durch »Abkühlen« die Wärmebilanz so zu verschieben, daß der Verbrennungsvorgang abbricht. Gelingt es, aus der Verbrennungszone mehr Wärme abzuführen, als nachgeliefert wird, so muß die Verbrennung aufhören.

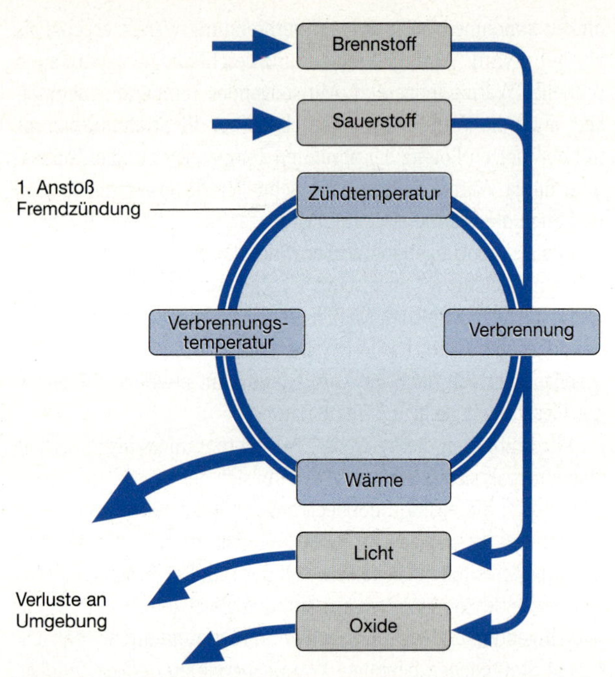

Bild 10: Die »Rückwirkung« der Verbrennungswärme beim Verbrennungsvorgang.

Da ein Brand nur entstehen kann, wenn sich Wärme »staut«, muß bei der Anordnung und Ausführung wärmeerzeugender Anlagen oder Einrichtungen die Umgebung genau beachtet werden. Dies trifft insbesondere auf Feuerstätten, Rauchrohre, Kamine und andere technische Anlagen zu, in denen bestimmungsgemäß Wärme entsteht. Es gilt aber auch für technische Anlagen, bei denen im Störfall Wärme entstehen kann, beispielsweise bei elektrischen Betriebsmitteln (Überlastung, Funken, Lichtbogen). Brennbare Stoffe und Baustoffe müssen von solchen Zündquellen in sicherem Abstand angeordnet oder wärmegeschützt sein. Selbstentzündliche Stoffe müssen ventiliert gelagert werden, wie bereits ausgeführt.

2 Löschverfahren und Löschmittel

2.1 Die grundsätzlichen Möglichkeiten zum Löschen von Bränden

Wie in Abschnitt Verbrennung (Seite 10) ausgeführt, ist die Verbrennung eine chemische Reaktion zwischen brennbarem Stoff und Sauerstoff. Beim Löschen kommt es darauf an, diesen chemischen Vorgang zu unterbrechen. Die Unterbrechung – und damit der Löscherfolg – kann dadurch erreicht werden, daß man wenigstens eine der vier Vorbedingungen des Verbrennungsvorgangs beseitigt.

Die vier Vorbedingungen sind:
1. der *brennbare Stoff,*
2. *Sauerstoff,*
3. das *richtige Mengenverhältnis* (Konzentration) von brennbarem Stoff und Sauerstoff,
4. die *Zündtemperatur.*

Von den vier genannten Bedingungen sind die ersten beiden *stofflicher* Art, die beiden anderen hingegen *Zustands*-Bedingungen. Es liegt in der Natur der Sache, daß sich ein Zustand leichter verändern oder beeinflussen läßt als ein Stoff. Daher sind auch die beiden Zustandsbedingungen am leichtesten einer Änderung

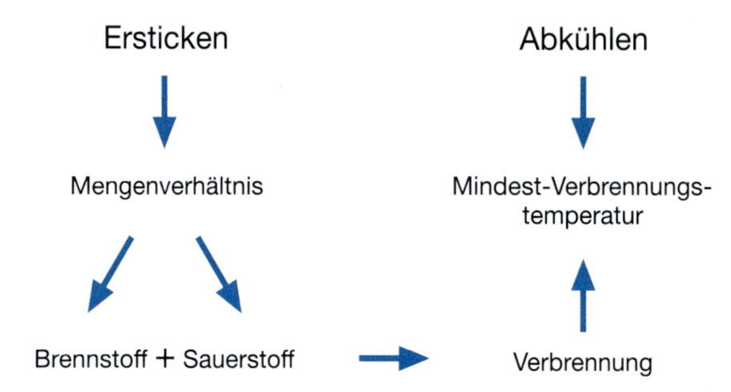

Bild 11: Angriffspunkte der Löschmöglichkeiten »Ersticken« und »Abkühlen«.

durch Anwenden entsprechender Löschverfahren zugänglich. Die Änderung der beiden Zustandsbedingungen führt zu zwei grundsätzlichen Löschverfahren:

- Stören des richtigen Mengenverhältnisses zwischen brennbarem Stoff und Sauerstoff,
- Abkühlen des brennbaren Stoffes unter seine Mindest-Verbrennungstemperatur.

Das erste Verfahren wird als »Ersticken«, das zweite als »Abkühlen« bezeichnet (Bild 11).

Änderungen der stofflichen Voraussetzungen einer Verbrennung wie »Wegnahme des Brennstoffs« (z. B. durch Schließen einer Gasleitung, Pflügen einer Schneise beim Waldbrand, »Totpumpen« einer brennenden Erdölquelle) oder »Wegnahme des Sauerstoffs« (z. B. durch Zudecken eines brennenden Teerkessels, Einwickeln in eine Löschdecke, Bedecken mit Sand) sind schließlich auch Methoden, die das richtige Mengenverhältnis stören und können folglich zum Ersticken gerechnet werden.

Außer diesen beiden Löschverfahren spielen andere noch mögliche Löschverfahren praktisch kaum eine Rolle. Von Bedeutung ist noch ein Löschverfahren, das auf der reaktionshemmenden (antikatalytischen oder inhibitorischen) Wirkung gewisser chemischer Stoffe beruht, insbesondere der mittlerweile verbotenen Halone (siehe Seite 106). So wie bestimmte chemische Stoffe eine Reaktion beschleunigen oder überhaupt erst ermöglichen, so gibt es eben auch Stoffe, die das Gegenteil bewirken. Reaktionsbeschleuniger nennt man Katalysatoren – heute allgemein bekannt zum Beispiel aus der Kraftfahrzeugtechnik, wo man die Auspuffgase über feinverteiltes Platin leitet, wodurch ohne Energiezufuhr eine Nachverbrennung unverbrannter Kohlenwasserstoff-Reste und des CO stattfindet.

In der Großchemie werden etwa 80 % aller Reaktionen mit Katalysatoren beschleunigt. Reaktionsverzögerer oder -verhinderer nennt man Inhibitoren.

Der chemische Vorgang der Reaktionsbeschleunigung oder -hemmung ist sehr kompliziert und kann im Rahmen dieses Roten Heftes nicht erklärt werden. Es soll genügen, zu wissen, daß bestimmte Stoffe die Reaktion zwischen Sauerstoff und Brennstoff hemmen oder verhindern. Ein Beispiel für eine reaktionshemmende Wirkung ist das Blei, das man Vergaserkraftstoffen in geringer Menge zusetzen kann, um das »Klopfen«, eine ungewollte Detonation im Verbrennungsraum, zu verhindern. Man bezeichnet den Zusatz als »Klopfbremse«. Da der Katalysator oder »Antikatalysator« an der Reaktion selbst nicht teilnimmt, bleibt bei der Verbrennung das Blei in metallischer Form (Staub) übrig und vergiftet die Umwelt und den Katalysator. Man hat es in den bleifreien

Kraftstoffen durch das (im unverbrannten Zustand noch weit giftigere) Benzol ersetzt, das wegen seines stabileren Aufbaues (Mehrfachbindungen) ebenfalls ein Klopfen verhindert.

Die »antikatalytische Löschwirkung« steht für sich allein, eine gleichzeitige Abkühlung oder Konzentrationsänderung findet nicht statt.

2.1.1 Löschen durch Ersticken

Das Löschen durch Ersticken beruht auf der Tatsache, daß jede chemische Reaktion nur unter bestimmten mengenmäßigen Voraussetzungen abläuft. Der Chemiker bezeichnet diese Tatsache, wie auf Seite 27 ausgeführt wurde, als das »Gesetz der konstanten Proportionen«. Dieses Gesetz besagt, daß die chemische Vereinigung zweier Stoffe sich stets nur nach ganz bestimmten, immer gleichbleibenden Mengenverhältnissen vollzieht. Dies gilt genau so für die Reaktion eines brennbaren Stoffes mit dem Sauerstoff, also den Verbrennungsvorgang. So kann zum Beispiel die Verbrennung von Wasserstoff H nur in dem Mengenverhältnis erfolgen, das durch die bekannte chemische Formel des als Verbrennungsprodukt entstehenden Wassers H_2O bestimmt ist, nämlich im Verhältnis von zwei Raumteilen Wasserstoff und einem Raumteil Sauerstoff. Ein Raumteil kann beliebig groß sein: ein Liter, ein Mol (siehe Seite 28), oder ein Kubikmeter – es kommt nur auf das Verhältnis an. Da der Sauerstoff 16 mal schwerer ist als der Wasserstoff, entspricht das Raumverhältnis 2:1 bei dieser Reaktion einem Gewichtsverhältnis von 2:16 oder 1:8.

Kohlenstoff C verbrennt mit Sauerstoff vollständig zu Kohlenstoffdioxid CO_2, dessen chemische Formel erkennen läßt, daß sich jeweils ein Atom Kohlenstoff mit zwei Atomen Sauerstoff verbindet. Hier macht es keinen Sinn, von Raumteilen zu sprechen, da das Volumen des festen Kohlenstoffs zum Volumen des gasförmigen Sauerstoffes und Kohlenstoffdioxids vernachlässigbar klein ist.

Es ergibt sich nun durch eine einfache Überlegung, daß eine Verminderung oder Vermehrung des brennbaren Stoffes oder des Sauerstoffes gegenüber dem richtigen Verhältnis eine reaktionshemmende Wirkung haben muß, da die jeweils überschüssige Menge die Rolle eines fremden Stoffes spielt, der an der Reaktion nicht teilnimmt, aber diese durch seine Anwesenheit stört. Es mag zunächst verwirrend klingen, daß auch ein Sauerstoffüberschuß die Verbrennung hemmt oder verhindert, läßt sich aber am Schweißbrenner leicht demonstrieren: Man öffnet zuerst die Acetylenflasche und entzündet das Acetylen in Luft. Die Verbrennung ist langsam, träge und unvollständig, was man an der Rußentwicklung sehen kann. In der Flamme herrscht Acetylen-Überschuß. Dann öffnet man die Sauerstoffflasche und stellt im Brenner ein Acetylen-Sauerstoff-Gemisch her, bei dessen richtigem Mengenverhältnis

$$C_2H_2 + {}^5/_2\, O_2 \rightarrow 2\, CO_2 + H_2O$$

(in der Luft) die vollständige Verbrennung mit der höchsten Verbrennungstemperatur erfolgt. Öffnet man das Sauerstoffventil weiter, geht die Brennerflamme mit einem Knall aus.

Hierauf beruht auch die »erstickende« Wirkung bestimmter Löschmittel. Diese Löschmittel ändern durch ihre Anwesenheit die Mengenanteile beziehungsweise die Konzentration von brennbarem Stoff und Sauerstoff soweit, daß die Verbrennung verlangsamt wird und schließlich zum Stillstand kommt. »Ersticken« tritt also ein, wenn die mengenmäßigen Voraussetzungen der Verbrennungsreaktion nicht mehr erfüllt sind, das heißt wenn man verhindert, daß die beiden Reaktionspartner »brennbarer Stoff« und »Sauerstoff« in reaktionsfähigen Mengenanteilen zusammenkommen. Das kann entweder durch entsprechendes »Verdünnen« oder »Abmagern« oder auch durch gänzliches »Trennen« der beiden Reaktionspartner erreicht werden.

Verdünnen besteht in der Verminderung der Konzentration des brennbaren Stoffes oder des Sauerstoffes – oder auch beider Stoffe gleichzeitig – durch Zumischung eines oder mehrerer anderer Stoffe, die an der Verbrennungreaktion nicht teilnehmen. Bei festen Stoffen ist eine Verdünnung praktisch kaum möglich. Dagegen läßt sich ein Verdünnen brennbarer Dämpfe und Gase und auch des Luftsauerstoffs durch gasförmige Löschmittel relativ leicht erreichen.

Ein typisches Löschmittel, dessen erstickende Wirkung vorwiegend auf Verdünnen beruht, ist das Kohlenstoffdioxid-Gas (»Kohlensäure«). Wird ein Raum zu 30 % mit Kohlenstoffdioxid gefüllt, so wird die Sauerstoff-Konzentration bereits soweit vermindert, daß die meisten brennbaren Stoffe nicht mehr brennen können. 21 % Sauerstoff von 70 % Luft sind auf den ganzen Raum bezogen noch 14,7 % Sauerstoff. Eine Verringerung der Sauerstoff-Konzentration unter 15 % macht bei zahlreichen brennbaren Stoffen die weitere Verbrennung unmöglich. Nur sehr wenige Stoffe brennen noch bei einer Sauerstoffkonzentration von weniger als 10 % weiter, zum Beispiel der Wasserstoff (siehe Seite 32).

In kleinen Räumen ohne Frischluftzufuhr ersticken Flammenbrände meist nach kurzer Zeit von selbst, da der Luftsauerstoff verbraucht und gleichzeitig durch die entstehenden Verbrennungsprodukte (Kohlenstoffdioxid) verdünnt wird.

Eine erstickende Wirkung durch *Abmagern* des brennbaren Stoffes tritt ein, wenn brennende Flüssigkeiten durch geeignete Maßnahmen unter ihren Flammpunkt (siehe Seite 33) abgekühlt werden. Beim Unterschreiten des Flammpunktes werden die aus der Flüssigkeit entwickelten brennbaren Dämpfe so stark abgemagert, daß die Verbrennung aufhören muß. Die Brennstoff-Konzentration sinkt unter die untere Zündgrenze (siehe Seite 29). Das Abkühlen unter den Flammpunkt bewirkt stets eine Störung des Mengenverhältnisses bei der Verbrennungs-Reaktion, ist aber kein Eingriff in die Temperatur der Verbrennungszone und daher auch kein »Abkühlen« im löschtechnischen Sinn. Das Löschen nach diesem Prinzip gelingt naturgemäß umso leichter, je höher der Flammpunkt der betreffenden Flüssigkeit liegt. Wenn eine Flüssigkeit mit hohem Flammpunkt nur an ihrer Oberfläche erwärmt ist und brennt, während die tieferen Schichten noch kalt und erheblich unter dem Flammpunkt geblieben sind, dann kann schon ein einfaches Umrühren genügen – wobei die kalten Schichten an die Oberfläche gelangen – um den erstickenden Löscheffekt auszulösen.

Trennen der Reaktionspartner kann praktisch dadurch erreicht werden, daß entweder der Zutritt des brennbaren Stoffes zum Luftsauerstoff, oder umgekehrt der Zutritt von Luftsauerstoff zum brennbaren Stoff verhindert wird. So wird beispielsweise beim Ablöschen einer brennbaren Flüssigkeit mit Schaum durch die geschlossene Schaumschicht verhindert, daß weitere brennbare Dämpfe in die Verbrennungszone nachgeliefert werden, so daß die Flammen ersticken müssen. Das Löschen von Flammen durch Trennen gestaltet sich im Prinzip sehr einfach, wenn brennende Gase oder Flüssigkeiten aus Leitungen, Druckgas-Behältern oder

Gefäßen ausströmen und die Möglichkeit besteht, das weitere Nachströmen durch Schließen von Ventilen oder auf andere Weise zu unterbinden, ein Vorgang, der alltäglich beim Löschen von Brenner-Flammen stattfindet. Man kann den Vorgang auch als Wegnahme des Brennstoffes bezeichnen.

Während das Löschverfahren des Erstickens die mengenmäßigen Vorbedingungen der Verbrennungs-Reaktion aufhebt, richtet sich das nachstehend beschriebene Verfahren des »Abkühlens« gegen die Reaktions-Temperatur.

2.1.2 Löschen durch Abkühlen

Das Löschen durch Abkühlen ist ein Eingriff unmittelbar an der Stelle, wo die Verbrennungs-Reaktion stattfindet. Durch Wärmeentzug aus der Reaktionszone wird die Verbrennungstemperatur und damit auch die Oxidationsgeschwindigkeit gesenkt. In diesem Temperaturbereich kann die Van't Hoffsche Regel, wonach eine Temperaturerhöhung oder -senkung um 10 K die Oxidationsgeschwindigkeit auf das Doppelte bis Dreifache steigert oder erniedrigt, zwar nicht mehr in dieser Relation zum Ansatz gebracht werden, doch gilt sie grundsätzlich weiter. Hierdurch wird verständlich, daß die Verbrennungsreaktion bei einer relativ geringen Senkung der Verbrennungstemperatur, nämlich lediglich bis unter die Mindest-Verbrennungstemperatur des betreffenden Stoffes (siehe Seite 24) bereits zusammenbricht. Das Abkühlen wird dadurch bewirkt, daß das Löschmittel Wärmeenergie aus der Verbrennungszone aufnimmt und bindet. Von allen Löschmitteln kann das Wasser bei weitem die stärkste Kühlwirkung entfalten, und zwar aufgrund seines hohen Wärmebindungsvermögens beim Erwärmen (*spezifische Wärme*) und besonders beim Verdampfen (*Verdampfungswärme* siehe Seite 72).

Bei anderen Löschmitteln kann eine Wärmebindung auch durch Sublimation (z. B. Übergang von festem Kohlenstoffdioxid-Schnee in die Gasform), ferner durch Dissoziation und durch chemische Zersetzung erfolgen. Diese Arten der Wärmebindung sind in der Praxis von untergeordneter Bedeutung.

Vergleicht man die Wirksamkeit der beiden Löschverfahren »*Ersticken*« und »*Abkühlen*« bei den verschiedenen brennbaren Stoffen, so wird man feststellen, daß sich in manchen Fällen ein erstickend wirkendes Löschmittel als besonders zweckmäßig erweist, während in anderen Fällen nur ein abkühlend wirkendes Mittel Erfolg bringt. Diese unterschiedliche Wirksamkeit hat naturgegebene Gründe: Versucht man, einen festen Stoff, der unter Bildung von Glut und Flammen verbrennt, (z. B. Holz) durch ein erstickend wirkendes Löschmittel (z. B. Kohlenstoffdioxid-Gas) zu löschen, so erlöschen zwar die Flammen, aber die Glut bleibt bestehen, da das Löschgas seiner Natur nach nicht geeignet ist, die in der Glut gespeicherte Wärmeenergie zu entziehen. Infolgedessen ist mit einem alsbaldigen Wiederaufflammen zu rechnen, sobald das erstickende Löschmittel durch die unvermeidlichen Luftbewegungen (Konvektion) vom Brandherd verdrängt wird. Bekanntlich kann man Glut durch Überdecken mit Asche noch längere Zeit erhalten, ein »Ersticken« der Glut tritt dabei nicht ein. Bei allen festen Stoffen, welche unter Bildung von Glut (und Flammen) verbrennen (z. B. Holz, Kohlen, Papier, Faserstoffe, Heu, Stroh) kann das Ersticken grundsätzlich nicht als sicher wirkendes Löschverfahren gelten – hier führt nur das Abkühlen sicher zum Ziel.

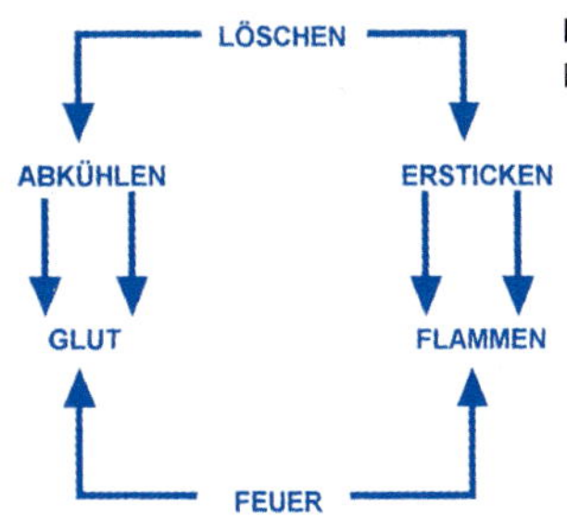

Bild 12: Glut muß abgekühlt, Flammen müssen erstickt werden.

Das am stärksten abkühlend wirkende Löschmittel Wasser läßt sich leicht auf Glutstellen lenken und dringt aufgrund seines flüssigen Zustandes auch in tiefere Schichten ein, wo es aufgrund der direkten Berührung mit dem glühenden Brennstoff seine abkühlende Wirkung voll entfalten kann. Dagegen läßt sich das Abkühlen normalerweise nicht wirkungsvoll anwenden, wenn reine Flammenbrände vorliegen. Die brennenden Gase oder Dämpfe, welche die Flammen bilden, bieten dem kühlenden Wasserstrahl kein festes Ziel, der Wasserstrahl geht wirkungslos durch die Flammen hindurch. Daher soll der Löschwasserstrahl bei Stoffen, die mit Glut und Flammen brennen, nicht in die Flammen, sondern stets auf die Glutstellen gerichtet werden.

Aus diesen naturgegebenen Gründen ergibt sich folgende *praktische Löschregel:*

Stoffe, die nur mit Flammen brennen – Gase und Flüssigkeiten – sind am besten durch Ersticken zu löschen, während bei festen Stoffen, die unter Glutbildung verbrennen, das Abkühlen am wirksamsten ist. Kurz: Glut muß abgekühlt – Flammen müssen erstickt werden (Bild 12).

2.2 Die Löschmittel

Als Löschmittel bezeichnet man Stoffe, welche geeignet sind, den Verbrennungsvorgang zu unterbrechen. Nach den beiden grundsätzlichen Löschverfahren unterscheiden wir Löschmittel mit *erstickender* und Löschmittel mit *abkühlender* Wirkung. Die Löschmittel mit antikatalytischer Wirkung sollen der Einfachheit halber zu den erstickend wirkenden Löschmitteln gezählt werden.

Von der Vielzahl der Stoffe, welche theoretisch als Löschmittel in Betracht kommen, erfüllen nur wenige die praktisch zu stellenden Anforderungen. Ein Universal-Löschmittel, das für sämtliche Brandklassen (siehe Seite 17) gleichermaßen und ohne Einschränkung geeignet ist, gibt es noch nicht, und es ist auch nicht zu erwarten, daß ein solches Löschmittel gefunden werden könnte. Wir werden deshalb auch in Zukunft für verschiedene Brände verschiedene Löschmittel zum Einsatz bringen müssen. Je nachdem, welche Stoffe brennen, muß das für diesen speziellen Fall zweckmäßigste Löschmittel gewählt werden. Bei der Frage der Zweckmäßigkeit ist nicht nur die Löschwirkung allein, sondern auch die Umweltbelastung und die Wirtschaftlichkeit in Erwägung zu ziehen. Im allgemeinen wird ein billiges und reichlich vorhandenes Löschmittel einem zwar etwas wirksameren, aber teureren Löschmittel vorzuziehen sein. Die Umweltverträglichkeit wird bei der amtlichen Zulassung eines jeden Löschmittels berücksichtigt.

Die Löschmittel lassen sich nach ihrem Aggregatzustand einteilen in (Tabelle 6):

1. feste Stoffe,
2. flüssige Stoffe,

Tabelle 6: Übersicht über verschiedene Löschmittel

Feste Stoffe	Flüssige Stoffe	Gasförmige Stoffe		Kombinierte Mittel
		Dämpfe	Gase	
Löschpulver Sand, Erde Gesteinstaub Graugußspäne	Wasser	Wasser- dampf	CO_2 Stickstoff Argon Inergen	Wasser mit Zusätzen (Frostschutz, Netzmittel u. ä.) Schaum Light Water (AFFF)

3. gasförmige Stoffe,
   a) Gase,
   b) Dämpfe,
4. kombinierte Löschmittel.

Diese Einteilung ist für den praktischen Gebrauch von geringem Nutzen, da sie keine Aussage über die Löschwirkung der einzelnen Stoffe vermittelt. Es ist daher zweckmäßiger, die verschiedenen Löschmittel nach ihrer Löschwirkung zu ordnen. Da kein Löschmittel völlig einseitig nur abkühlend oder erstickend, sondern gleichzeitig auch in der anderen Richtung wirkt, muß man bei allen Löschmitteln zwischen der *Haupt-* und der *Nebenwirkung* unterscheiden. Folgende Übersicht gibt eine Einteilung der wesentlichen Löschmittel nach ihrer *Hauptlöschwirkung:*

> Die Hauptlöschwirkung bei *Wasser* beruht auf *Abkühlen*, der Hauptanwendungsbereich ist daher das Löschen von *glutbildenden Stoffen.*

Die Hauptlöschwirkung bei *Schaum, Pulver und CO_2* (Gas und Schnee) beruht auf *Ersticken*, der Hauptanwendungsbereich ist daher das Löschen von *flammenbildenden Stoffen.*

Im Folgenden sollen die heute gebräuchlichen Löschmittel hinsichtlich ihrer Eigenschaften, Anwendungsmöglichkeiten und Gefahren im einzelnen näher betrachtet werden.

2.2.1 Wasser

Physikalische Eigenschaften:
Die Dichte von Wasser beträgt bei 4 °C 1 kg/l. Bei 1013 mbar liegt der Gefrierpunkt bei 0 °C und der Siedepunkt bei 100 °C. Die spezifische Wärmekapazität ist 4,187 kJ/kg · K, die Verdampfungswärme beträgt bei 100 °C und 1013 mbar 2257 kJ/kg.

Chemische Eigenschaften:
Wasser hat die chemische Formel H_2O. Es ist zwar ein Verbrennungsendprodukt, zerfällt aber bei 1 500 °C zu 0,2 %, bei 2 000 °C zu 2 % und bei 2 500 °C zu 9 % wieder in seine Bestandteile Wasserstoff und Sauerstoff. Es kann elektrolytisch vollständig zerlegt werden. Wasserstoff und Sauerstoff im Verhältnis 2:1 bilden das explosionsfähige Knallgas. Wasser ist chemisch neutral, das heißt weder sauer noch basisch.

Durch sein Lösungsvermögen kann es als abfließendes Löschwasser giftige, wassergefährdende und deshalb umweltschädigende Stoffe verbreiten.

Wasser *reagiert* chemisch

- mit Natrium und Kalium unter Entwicklung von Wasserstoff,
- mit Calciumcarbid unter Bildung von Acetylen (C_2H_2),
- mit brennenden Leichtmetallen, deren Verbrennung durch den oben beschriebenen Zerfall beschleunigt wird,
- mit ungelöschtem Kalk (CaO) unter starker Wärmeentwicklung, die theoretisch ausreicht, brennbare Stoffe zu entzünden,
- mit konzentrierter Schwefelsäure unter starker Wärmeentwicklung (Gefahr des Umherspritzens),
- in Dampfform mit glühendem Eisen unter Entwicklung von Wasserstoff,
- mit glühendem Koks unter Entwicklung von Wasserstoff und Kohlenstoff-Monoxid CO (sog. Wassergas-Prozeß).

Physiologische Eigenschaften:
Wasser ist geruch- und geschmacklos und ungiftig.

Anwendungsmöglichkeiten:
Die *Hauptlöschwirkung* des Wassers besteht in der *Abkühlung*. Kein anderes Löschmittel wirkt auch nur annähernd so stark abkühlend wie Wasser. Wasser hat sowohl eine höhere spezifische Wärmekapazität als auch eine höhere Verdampfungswärme als alle anderen Stoffe, die überhaupt als Löschmittel geeignet sind. Ein Liter Wasser von 10 °C vermag bis zu seiner restlosen Verdampfung eine Wärmemenge von 2 634 kJ zu binden.

Es kommt darauf an, die Oberfläche des Löschwassers möglichst zu vergrößern, da auf einer größeren Oberfläche mehr Wasser verdampft, wodurch mehr Brandwärme entzogen wird. Die Löschwirkung von zerstäubtem Wasser ist wesentlich größer als die Löschwirkung eines Sprüh- oder gar des Vollstrahles. Dabei wird zum Löschen wesentlich weniger Wasser verbraucht, was aus Gründen der Vermeidung von Wasserschäden und aus Gründen der Umwelt unbedingt anzustreben ist. Verstäubtes oder vernebeltes Wasser verwandelt sich im Brandraum fast vollständig in Dampf, so daß auch die Verdampfungswärme gebunden wird. Allerdings besteht in geschlossenen Räumen für den Feuerwehrangehörigen die Gefahr, sich zu verbrühen.

Durch den gebildeten Wasserdampf (ein Liter Wasser ergibt 1 700 Liter Dampf) kann theoretisch auch eine erstickende Wirkung auf Flammen ausgeübt werden. Die erstickende Nebenwirkung des Wassers in Dampfform hat aber in der Praxis kaum Bedeutung. Die Löschwirkung des Wasserstrahles wird, abhängig vom Druck am Strahlrohr, mechanisch unterstützt – und damit erst richtig zur Geltung gebracht – durch

- die Auftreffwucht: Lockeres Gut wird auseinandergerissen, wodurch eine größere Kühlfläche entsteht,
- die Tiefenwirkung: Der Strahl dringt unter Druck in tiefere Glutschichten und in sperriges Material ein,
- die Netzfähigkeit: Wasser dringt von selbst in poröse Stoffe ein.

Das Löschmittel Wasser bietet so zahlreiche und wesentliche *Vorteile* wie kein anderes Löschmittel:

- Wasser ist das billigste aller Löschmittel.
- Es ist am leichtesten in großer Menge zu beschaffen, da es (bei uns) fast überall vorkommt.
- Es läßt sich in einfacher Weise durch Pumpen und Schlauchleitungen – auch über große Entfernungen – fördern.
- Wasser läßt sich problemlos in der jeweils geeignetsten Form abgeben – Vollstrahl, Sprühstrahl, Wassernebel.

- Mit Wasser lassen sich die größten Wurfweiten und Wurfhöhen erreichen.
- Wasser ist ungiftig und chemisch neutral.
- Wasser ist das wirksamste Löschmittel bei den meistvorkommenden Bränden (Holz, Kunststoffe, Textilien, Ernteerzeugnisse). Deshalb wird es in den am häufigsten vorkommenden Löschanlagen (Sprinkleranlagen) eingesetzt.

Diesen Vorteilen steht jedoch eine Reihe von *Nachteilen* gegenüber:
- Wasser gefriert bei Temperaturen unter 0 °C, wodurch seine Entnahme und Förderung im Winter erschwert wird.
- Im gefrorenen Zustand vergrößert sich das Volumen des Wassers um etwa 10 %, wodurch Armaturen platzen können.
- Gewisse Stoffe (Hülsenfrüchte, Getreide) quellen bei Wasseraufnahme auf, wodurch Silowände auseinandergedrückt werden.
- Wasser ist relativ schwer. Bei unsachgemäßer Anwendung (»Fluten«) kann es zu Einstürzen, bei Schiffsbränden zum Kentern kommen.
- Viele Stoffe werden durch Einwirkung von Wasser aufgeweicht und dadurch wertlos. Es entsteht »Wasserschaden«.
- Mit dem abfließenden Löschwasser können Schadstoffe aus dem Brandobjekt ins Grundwasser und in Oberflächengewässer gelangen.

Bei einer Reihe von Bränden ist die Anwendung von Wasser außerdem wirkungslos oder sogar gefährlich. Dies sind im wesentlichen folgende Fälle:

a) Brennbare Flüssigkeiten (Brandklasse B nach EN 2):
Wasser ist schwerer als die meisten brennbaren Flüssigkeiten und geht daher unter. Löschversuche mit Wasser führen deshalb meist nur zu einer Vergrößerung des Brandes durch Überfließen und Ausbreitung der brennbaren Flüssigkeit. Ein Löscherfolg ist nur unter bestimmten Voraussetzungen möglich:

- Flüssigkeiten mit Flammpunkten über 21 °C (Gefahrklasse A II und darüber) lassen sich durch aufgesprühtes Wasser ablöschen (Kühlung der Oberfläche unter den Flammpunkt, dadurch Nachlassen der Verdampfung, so daß die Flammen keine Nahrung mehr erhalten). Dieses Verfahren bietet Gefahren: Aufschäumen und Überkochen der brennenden Flüssigkeit infolge Wasserdampfbildung in den oberen Flüssigkeitsschichten, »Fettexplosion« durch Einspritzen von Wasser – besonders im Vollstrahl – in tiefere Flüssigkeitsschichten von schwersiedenden brennbaren Flüssigkeiten, wenn diese bereits über 100 °C erwärmt sind. Das Löschwasser verdampft schlagartig, und durch seine gewaltige Volumenvergrößerung wird die brennbare Flüssigkeit explosionsartig aus ihrem Gefäß geschleudert.

  Daher: Wasser im Vollstrahl nie, im Sprühstrahl nur dann auf brennende Flüssigkeitsoberflächen richten, wenn der Brand erst vor kurzer Zeit entstanden ist und die tieferen Flüssigkeitsschichten noch nicht aufgeheizt sein können.
- Flüssigkeitsbrände aller Art kleineren Umfangs können durch zerstäubtes Wasser gelöscht werden. Voraussetzung: Der Wasserstaub-Strahl muß möglichst dicht und so groß sein, daß die gesamten Flammen gleichzeitig restlos eingehüllt werden können, sonst besteht die Gefahr der ständigen Rückzündung. Abweichend von den genannten Regeln beruht das Löschen hier auf einer Abküh-

lung der Flammen unter die Mindest-Verbrennungstemperatur. Solche Verfahren werden zunehmend wichtiger, da sie die Anwendung von weniger umweltverträglichen Löschmitteln (Pulver, Schaum) erübrigen.

b) Brennbare Gase (Brandklasse C nach EN 2):
Auch brennbare Gase lassen sich in Ausnahmefällen mit zerstäubtem Wasser nach der eben genannten Methode löschen. Der Vollstrahl ermöglicht nur dann ein Löschen, wenn er an der Auftreffstelle so zerstäubt, daß der Wasserstaub die Flammen völlig einhüllt. Bei Gasen, die unter Hochdruck austreten, ist auf diese Weise mit Wasser kein Löscherfolg zu erzielen.

c) Brennbare Leichtmetalle (Brandklasse D nach EN 2):
Brennende Leichtmetalle (Magnesium, Elektron, Aluminiumspäne) reagieren heftig mit Wasser, da ein Teil des Wassers durch die hohe Verbrennungstemperatur thermisch zersetzt wird (siehe Seite 72). Der Sauerstoff steigert die Reaktion, der Wasserstoff verbrennt seinerseits, so daß ein explosionsartiges Umherspritzen des glühenden Metalls stattfindet. Natrium und Kalium dürfen schon im kalten Zustand nicht mit Wasser in Berührung kommen (Explosionsgefahr).

d) Brände in Gegenwart spannungsführender Teile:
Reines (destilliertes) Wasser ist elektrisch nichtleitend. Das zu Löschzwecken verwendete Trink- und Gebrauchswasser ist dagegen schwach leitfähig, da es gelöste Stoffe (Kalksalze) enthält. Seewasser ist wegen seines Salzgehaltes noch wesentlich leitfähiger als Süßwasser. Bei Anwendung eines geschlossenen Wasserstrahls – Vollstrahls – in Gegenwart spannungsführender Teile besteht

Tabelle 7: Sicherheitsabstände beim Löschen in der Nähe von elektrischen Anlagen.

CM-Strahlrohr DIN 14365	Nieder-spannung bis 1000 Volt	Hochspannungsanlagen bis 30 kV	110 kV	220 kV	380 kV
Sprühstrahl	1 m	3 m	3 m	4 m	5 m
Vollstrahl	5 m	5 m	6 m	7 m	8 m
Feuerlöscher	3 m	nur in spannugnsfreien Anlagen			

die Gefahr einer Spannungsübertragung über den Wasserstrahl auf den Löschenden. Um Gefahren beim Löschen mit Wasser in elektrischen Anlagen und in deren Nähe zu vermeiden, sind Abstände einzuhalten, die in Abhängigkeit von Spannung, verwendetem Strahlrohr und Voll- oder Sprühstrahl in DIN/VDE 0132 festgelegt sind (Tabelle 7).

e) Brände staubförmiger Stoffe:

Bei Anwendung von Wasser im Vollstrahl besteht die Gefahr der Aufwirbelung und der Explosion brennenden Staubes (siehe Seite 20). Brennenden oder glimmenden Staub daher nur mit weichem Sprühstrahl oder Schaum bekämpfen! Wasser mit Zusatz von Netzmittel steigert die Löschwirkung bei Stäuben. Bei Braunkohlenstaub zum Beispiel ist mit Wasser ohne Netzmittelzusatz überhaupt kein Löscherfolg zu erzielen.

f) Brände großer Glutmassen in geschlossenen Räumen (Keller, Bunker):

Hier besteht die Gefahr plötzlicher, starker Wasserdampfbildung und der Verbrühung der eingesetzten Löschtrupps. Wegen der enormen Volumenvergrößerung – aus einem Liter Wasser entstehen 1 700 Liter Dampf – wird die Dampfwolke den vorgehenden Feuerwehrleuten entgegen gedrückt. In solchen Fällen empfiehlt sich der Einsatz von Schaum.

g) Karbid:
Sollte im Brandgut Karbid enthalten sein, besteht die Gefahr der Acetylenentwicklung und daraus resultierender Verpuffungen und Stichflammen.

h) Ungelöschter Kalk:
Ungelöschter Kalk (Branntkalk, Baukalk, Kalkdünger) ist zwar selbst nicht brennbar, entwickelt aber bei Berührung mit Wasser beträchtliche Wärme, so daß Temperaturen bis 400 °C entstehen können, die zur Zündung von anlagernden brennbaren Stoffen (Holzwände und -fußböden, Ernteerzeugnisse) führen können. Ungelöschter Kalk ist bei Bränden in der Landwirtschaft zu erwarten.

Wasser mit Zusätzen

Durch den Zusatz von chemischen Stoffen können bestimmte Eigenschaften des Löschmittels Wasser verbessert werden. So ist es üblich, dem Löschwasser in Feuerlöschern und Behältern, die Frosttemperaturen ausgesetzt sind, Frostschutzmittel zuzumischen, in der Regel Kaliumcarbonat oder Calciumchlorid. Kühlerschutzmittel wie Glysantin sind nicht geeignet, da sie die Löschwirkung herabsetzen.

Um die Netzfähigkeit des Löschwassers bei wasserabweisenden Stoffen wie Gummi, Weichfaserplatten (bei Dehnfugenbränden), öligen Faserstoffen in Ballen u. ä. zu verbessern, kann man dem Wasser Chemikalien zusetzen, die seine Oberflächenspannung herabsetzen. Solche Netzmittel sind Tenside wie zum Beispiel »Pril«. Die Zumischung erfolgt im Fahrzeugtank. Da solche Mittel meist nicht zur Verfügung stehen, kann man auch durch Zusatz von Schaummittel eine Netzwirkung erzielen.

Das Wasser-/Schaummittelgemisch wird in diesem Fall über normale Strahlrohre abgegeben.

Durch Zumischung des Schaummittels AFFF- (= Aqueous Film Forming Foam d. h. wässriger filmbildender Schaum) zum Wasser entsteht ein Löschmittel, das die Kühlwirkung des Wassers mit einem Trenneffekt kombiniert. Auf brennbaren festen Stoffen (Brandklasse A) und insbesondere auf Flüssigkeitsoberflächen (Brandklasse B) bildet sich ein dünner, aber gasdichter Film, der den Austritt von Gasen oder Dämpfen verhindert und die Verbrennungszone gegen weitere Sauerstoffzufuhr abschirmt.

2.2.3 Schaum

Schaum besteht grundsätzlich aus drei Komponenten: *Wasser*, welchem ein *Schaummittel* zugemischt ist, und einem *Füllgas*, das die Schaumbläschen aufbläht.

Als Füllgas dient im einfachsten und häufigsten Falle Luft. Der damit erzeugte Schaum wird deshalb auch Luftschaum genannt. Zunächst wird dem zu verschäumenden Wasser mit einem »Zumischer« ein bestimmter Prozentsatz Schaummittel (3 bis 5 %) zugesetzt. Diese Mischung wird in einem Schaumstrahlrohr versprüht. Das Schaumstrahlrohr saugt die benötigte Luft durch Injektorwirkung von außen an. Der Schaum entsteht durch Verwirbelung des Wasser/ Schaummittel-Gemisches mit der angesaugten Luft im Inneren des Schaumstrahlrohres. Prallsiebe erzeugen eine gleichmäßige Bläschengröße und damit einen feinen und homogenen Schaum.

Zur Erzeugung von Leichtschaum (siehe Seite 86) benötigt man Schaum-Generatoren. Das Wasser-/Schaummittel-Gemisch wird auf ein Sieb gesprüht, das quer zum Luftstrom eines Gebläses angeordnet ist. Die Schaumbläschen entstehen in den Maschen wie »Seifenblasen«.

Früher wurde Schaum auch chemisch erzeugt. Als Füllgas diente dabei nicht Luft, sondern das Wasser/Schaummittel-Gemisch wurde mit Kohlenstoffdioxid CO_2 verschäumt, das durch eine chemische Reaktion erzeugt wurde. Wegen seiner Nachteile gegenüber dem Luftschaum (teuerer, stark schmutzend, elektrisch 100mal leitfähiger, aufwendige Herstellung), und vor allem auch aufgrund der Erfahrung, daß Luft als Füllgas die Löschwirkung nicht beeinträchtigt, wird chemischer Schaum nicht mehr angewendet.

Schaum ist im Gegensatz zu Wasser leichter als alle brennbaren Flüssigkeiten und daher geeignet, die Oberfläche von Flüssigkeiten schwimmend zu bedecken und abzuschließen. Die Hauptlöschwirkung von Schaum beruht daher auf Ersticken, und zwar verhindert die dichte Schaumdecke die weitere Entwicklung von Brennstoff-Dämpfen. Der Brand erlischt daher aus Mangel an brennbarem Stoff.

Durch seinen Wassergehalt ist der Schaum aber auch in der Lage, in gewissem Umfang abkühlend zu wirken, also auch Brände fester, glutbildender Stoffe wie Holz, Papier, Textilien usw. zu löschen. Auf der der Glut zugekehrten Seite der Schaumschicht zerfallen die Schaumblasen und das Wasser wirkt in feinverteilter Form abkühlend.

Dabei ist zu überlegen, ob die Verwendung von Schaum anstelle von Wasser wirtschaftlich zu rechtfertigen ist. Auch die Belastung des Grundwassers ist zu berücksichtigen. Die Anwendung von Schaum kann positiv sein, wenn damit verhindert werden kann, daß Schadstoffe durch das abfließende Löschwasser verbreitet werden, sie kann negativ sein, wenn der Schaum selbst ins Grund- oder Oberflächenwasser gelangt.

Das Hauptanwendungsgebiet von Schaum sind alle Arten von Flüssigkeitsbränden, insbesondere solche großen Ausmaßes (Tankwagen, Lagertank).

Die verschiedenen Schaum-Typen

Je nachdem, ob das Wasser/Schaummittel-Gemisch mit einem hohen oder niedrigen Anteil von Luft (oder einem anderen Füllgas) verschäumt wird, spricht man von hoher Verschäumung (trockener, leichter Schaum) oder niedriger Verschäumung (nasser, schwerer Schaum). Die Verschäumungszahl (oder Schaumzahl) gibt an, um welchen Faktor sich das Volumen der verschäumten Flüssigkeit vergrößert. Entsprechend der Verschäumung, das heißt dem Verhältnis Volumen des Wasser/Schaummittel-Gemisches zum Volumen des fertigen Schaumes unterscheidet man

- *Schwerschaum* mit Verschäumungszahlen bis 20
- *Mittelschaum* mit Verschäumungszahlen bis 200
- *Leichtschaum* mit Verschäumungszahlen bis 1 000

Wird beispielsweise ein Liter Flüssigkeit mit sieben Litern Luft verschäumt, so erhält man acht Liter Schaum, der in diesem Fall die Verschäumungszahl 8 hat. Die acht Liter fertiger Schaum wiegen aber nur soviel wie der eine Liter Flüssigkeit, das heißt die Dichte des Schaumes beträgt $1/8$ der Dichte der Flüssigkeit, also 0,125. Verschäumungszahl mal Dichte ergibt stets 1. Je nach Einsatzerfordernis wählt man die Verschäumungszahl und erhält den gewünschten Schaum-Typ. In der Praxis ist die Verschäumung vom jeweiligen Gerät abhängig, dessen konstruktionsbedingte Verschäumung nur geringfügig verändert werden kann. Die niedrigste Verschäumungszahl ist etwa 5, die höchste etwa 1 000. »Etwa« deshalb, weil die theoretische Verschäumungszahl in der Praxis nicht so genau erreichbar ist.

Beispiele für die Zusammensetzung verschiedener Schaumtypen:

1. Schwerschaum 1:10
   Die Verschäumung
   von 97 l Wasser
   und 3 l Schaummittel (= 3 % Zumischung)
   und 900 l Luft

   ---

   ergibt 1 000 l Schaum mit der Verschäumungszahl 10 beziehungsweise der Dichte 0,1.

2. Schwerschaum 1:5
   Die Verschäumung
   von 190 l Wasser
   und 10 l Schaummittel (= 5 % Zumischung)
   und 800 l Luft

   ---

   ergibt 1 000 l Schaum mit der Verschäumungszahl 5 beziehungsweise der Dichte 0,2.

3. Mittelschaum 1:100
   Die Verschäumung
   von 10 l Wasser
   und 0,2 l Schaummittel (= 2 % Zumischung)
   und 990 l Luft
   ---
   ergibt 1 000 l Schaum mit der Verschäumungszahl 100

4. Leichtschaum 1:1000
   Die Verschäumung
   von 1 l Wasser
   und 0,015 l Schaummittel (15 cm^3 = 1,5 % Zumischung)
   und 999 l Luft
   ---
   ergibt 1 000 l Schaum mit der Verschäumungszahl 1000

Wie gesagt – *theoretische Werte!*

Entsprechend ihren Verschäumungszahlen besitzen die verschiedenen Schaumtypen einen verschieden hohen Wassergehalt und folglich auch unterschiedliche Eigenschaften. Je mehr Wasser der Schaum enthält, desto stärker kann zusätzlich zur erstickenden auch die abkühlende Wirkung zur Geltung kommen, der sehr leichte Schaum nähert sich dagegen schon mehr den Eigenschaften eines erstickenden Gases.

Welcher Schaumtyp im Brandfall am zweckmäßigsten ist, hängt nicht nur von der Art und Menge der brennenden Stoffe, sondern auch weitgehend von den an der Einsatzstelle gegebenen Umständen ab.

Zur Vermeidung dieser Nachteile kann mit tragbaren Mittelschaum-Rohren ein etwas schwererer *Mittelschaum* mit Verschäumungszahlen bis 200 eingesetzt werden.

Schaummittel

Die zur Schaumerzeugung notwendigen Schaummittel werden als flüssige Konzentrate hergestellt, die so abgestimmt sind, daß Schwer-Schäume mit Verschäumungszahlen von 6 bis 10 bei etwa 3 bis 5 % Zumischung zum Wasser erzielt werden. Schaummittel für Schwerschaum sind entweder wasserlösliche Eiweißstoffe (Proteine), die als Abbauprodukte von tierischem Eiweiß (Blut, Hörner, Klauen, Fischmehl usw.) gewonnen werden, oder sie werden synthetisch aus höheren Fettalkoholen hergestellt. Letztere sind auch für höhere Verschäumungszahlen, also zur Herstellung von Mittel- und Leichtschaum geeignet (Allbereichs-Schaummittel). Speziell für Leichtschaum eignen sich Schaummittel auf Netzmittel-Basis.

Für Brände von wasserlöslichen Flüssigkeiten (Gefahrgruppe B der VbF) wie Alkohole, Ester, Ketone, Nitroverdünnung und -lacke, werden Schaummittel benötigt, die »alkoholbeständig« sind, da der mit normalen Schaummitteln erzeugte Schaum durch diese Flüssigkeiten aufgelöst und zerstört wird.

Es ist darauf zu achten, daß Schaummittel verschiedener Art und Hersteller nicht miteinander vermischt werden sollen. Es können Verklumpungen oder Ausfällungen eintreten, die die Schaummittel unbrauchbar machen und die Geräte verstopfen. Fertige Schäume aus verschiedenen Schaummitteln beeinflussen sich dagegen nicht.

Nur Protein-Schwerschaum und Leichtschaum würden sich gegenseitig zerstören, aber sie werden wohl kaum gleichzeitig eingesetzt. Auch Löschpulver, das nicht ausdrücklich als »schaumverträglich« (SV) bezeichnet ist, zerstört den Schaum. Anderseits kann man einen Pulverlöscher benutzen, wenn man an der Einsatzstelle – aus welchen Gründen auch immer – aufgebrachten Schaum schnell beseitigen muß.

Folgende Gesichtspunkte sind beim *Umgang* mit Schaummitteln zu beachten:

- Schaummittel auf Eiweißbasis dürfen nicht in offene Wunden gelangen, Gefahr der Blutvergiftung.
- Durch Luftschaum angefeuchtete Nahrungsmittel dürfen nur noch an Tiere verfüttert werden, für den menschlichen Genuß sind sie unbrauchbar.
- Je nach Herstellerangabe sind Schaummittel auch bei Frost noch einsatzfähig. Gefrorene und wieder aufgetaute Schaummittel verlieren ihre Gebrauchsfähigkeit nicht.
- Schaummittel sollen nicht über 45 °C erwärmt werden. Behälter nicht in der Sonne oder an Heizkörpern, sondern kühl lagern.
- Schaummittelvorräte in größeren Zeitabständen auf Ablagerungen oder Ausflockungen untersuchen. Gegebenenfalls umfüllen und aussieben. Bei sachgemäßer Lagerung sind Schaummittel mindestens zehn Jahre lagerfähig.
- Behälter auf Korrosion untersuchen. Herstellerangaben über geeignete Lagerbehälter sind zu beachten.

Schaumgüte

Die Zusammensetzung und die qualitativen Eigenschaften eines Schaumes werden sowohl durch die Art des Schaummittels als auch durch den Prozentsatz der Zumischung erheblich beeinflußt.

Eine wesentliche Rolle spielt auch die Konstruktion des Schaumgerätes und der angewandte Wasserdruck. Wasserhärte, Wassertemperatur und Pflegezustand der Geräte tun ein übriges.

Die *Schaumgüte* wird insbesondere durch folgende Kennwerte charakterisiert:

- *Dichte* des fertigen Schaumes im Verhältnis zu Wasser (1 kg/l).
- Der Kehrwert der Dichte ist die *Verschäumungszahl.*
- *Wasserhalbwertzeit.* Das ist die Zeit, in welcher die Hälfte der im Schaum enthaltenen Flüssigkeit wieder ausgeschieden wird. Die Wasserhalbwertszeit soll bei Schwer- und Mittelschaum zwischen 15 und 25 Minuten betragen.

Für die genauere Beurteilung der Schaumgüte sind noch folgende Werte von Bedeutung:

- Fließfähigkeit: Damit ist das Ausbreitungsvermögen auf Flüssigkeitsoberflächen definiert,
- Abbrandwiderstand,
- Durchbruchswiderstand gegen brennbare Dämpfe.

2.2.4 Löschpulver

Sand, Erde und Asche sind wohl die ältesten Trockenlöschmittel. Ihr Löschvermögen ist jedoch gegenüber den modernen chemischen Trockenlöschmitteln gering, so daß sie allenfalls als Behelfs-Löschmittel gelten können. Löschpulver spielen etwa seit Beginn des 20. Jahrhunderts eine nennenswerte Rolle in der Löschtechnik, als man begann, das Pulver mit Hilfe von Treibgasen – vorwiegend Kohlenstoffdioxid oder Stickstoff – aus entsprechend gestalteten Behältern und Düsen unter Druck auszustoßen. Die auf diese Weise erzeugten löschwirksamen Pulverwolken waren den vorhergegangenen primitiven Pappe- oder Blechhülsen, aus denen das Pulver lediglich geschüttet oder geschleudert werden konnte, weit überlegen.

Nach dem Zweiten Weltkrieg ist es gelungen, durch Verfeinerung der Löschpulver und Verbesserung der Geräte optimale Wirkungen zu erreichen. Gleichzeitig konnte auch durch die Entwicklung neuer Pulver der Anwendungsbereich der Trockenlöschmittel wesentlich erweitert werden. Auf dem Gebiet der tragbaren Feuerlöscher sind Pulverlöscher die meistverkauften Geräte, wenngleich in den meisten Fällen Wasserlöscher geeigneter wären.

Löschwirkung

Die Löschpulver-Wolke hat bei Flammenbränden eine fast schlagartige Löschwirkung, die durch das Zusammenwirken mehrerer Löscheffekte zustande kommt:

- inhibitorische »antikatalytische« Wirkung des Löschpulvers auf die Brennstoff-Sauerstoff-Reaktion (Hauptlöschwirkung),
- erstickende Wirkung durch »Verdünnen« der Luft, das heißt Verschieben des Mengenverhältnisses von brennbarem Gas/Dampf und Luftsauerstoff aus dem reaktionsfähigen Bereich,
- abkühlende Wirkung durch Wärmeübergang auf die sehr große, kühle Oberfläche der Pulverteilchen sowie Schmelzen, Zersetzen und Verdampfen.

Bei Glutbränden kommt die Wirkung der hierfür speziell entwickelten Glutbrand-Pulver (ABC-Löschpulver) dadurch zustande, daß diese Substanzen auf der Glut eine glasige Schmelze bilden und so in der Lage sind, in die porösen Glutschichten einzudringen und luftabschließende Überzüge zu bilden (Trennwirkung). Hierbei tritt eine chemische Zersetzung des Löschpulvers ein, wobei (erstickende) Gase – vorwiegend Ammoniak und Wasserdampf – frei werden und gleichzeitig dem Brandgut Wärme entzogen wird (Abkühlung).

Allgemeine Anforderungen an Löschpulver

Ein gutes Löschpulver soll – abgesehen von einem bestimmten Mindest-Löschvermögen (das bei Feuerlöschern an genormten Prüfobjekten nach EN 3 nachzuweisen ist) – noch folgende Eigenschaften besitzen:

- Es muß rieselfähig sein und bleiben. Es darf auch bei starken Rüttelbewegungen auf Fahrzeugen oder bei langer Lagerung nicht zusammenbacken oder verklumpen.
- Es muß wasserabstoßend sein. Diese Eigenschaft wird durch Vermahlen mit wachsartigen Substanzen (Stearaten) erreicht.
- Es darf nicht schmirgeln. Harte Stoffe wie Quarz dürfen nicht darin enthalten sein, damit empfindliche Oberflächen, beispielsweise von Maschinenteilen, nicht beschädigt werden.
- Es soll nicht gesundheitsschädlich sein.
- Es soll chemisch möglichst neutral sein, das heißt nicht ätzend oder korrodierend wirken.
- Es soll elektrisch nichtleitend sein.

Nicht alle Löschpulver-Arten erfüllen alle Bedingungen. Selbst die für den Einsatz in elektrischen Anlagen besonders zugelassenen Löschpulver sind nur bedingt anwendbar, da sie nur in trockenen Anlagen verwendet werden dürfen.

Letztlich muß auch auf *Nachteile* aller Löschpulver hingewiesen werden:

– Die Pulverwolke nimmt in geschlossenen Räumen völlig die Sicht, so daß man die Ausgänge nicht mehr erkennen und Panik entstehen kann. In Räumen, in denen sich viele Menschen aufhalten (Versammlungsstätten, Gaststätten, Verkaufsstätten) sollen deshalb Pulverlöscher nicht bereitgehalten oder eingesetzt werden.
– Empfindliche Anlagen werden so verschmutzt, daß sie nicht mehr gereinigt werden können, und der Schaden unnötig vergrößert wird.

BC-Löschpulver (Brandklassen B und C nach EN 2)

Die normalen Löschpulver sind durch systematische Verbesserung ihrer physikalischen Eigenschaften (Korngröße, Rieselfähigkeit) sowie durch Verfeinerung der Gerätetechnik ganz erheblich in ihrer Löschleistung gesteigert worden. Sie bestehen im wesentlichen aus Natriumbicarbonat und Natriumhydrogencarbonat, dem geringe Mengen wasserabstoßender Substanzen – Hydrophobierungsmittel wie Metallstearate oder -palmitate – zugesetzt sind.

Natriumbicarbonat spaltet zwar in der Brandwärme Kohlenstoffdioxidgas und Wasserdampf ab, doch tragen diese Stoffe wenig bis nichts zur Löschwirkung bei, da sie viel zu langsam entwickelt werden und mengenmäßig keine Rolle spielen.

Der Anwendungsbereich der BC-Löschpulver umfaßt außer Flüssigkeitsbränden (Brandklasse B) und Bränden in (trockenen) elektrischen Anlagen vor allem auch Brände von unter Druck ausströmenden brennbaren Gasen wie Acetylen, Propan/Butan, Wasserstoff usw. (Brandklasse C), bei welchen Löschpulver am sichersten wirkt.

Bild 13: Einsatz von Löschpulver: Löschen in Windrichtung.

Löschpulver ist bei Flüssigkeitsbränden immer so anzuwenden, daß ein gewisser Mindestabstand vom Brandherd eingehalten wird.

Dieser ist so zu bemessen, daß nicht schon der kurz hinter der Austrittsdüse noch geschlossene Pulverstrahl auf die Flüssigkeit trifft, sondern erst die umfangreiche, weich auftreffende Pulverwolke. Das Feuer ist immer mit dem Wind – von vorn an der tiefsten Stelle beginnend – nach hinten und oben fortschreitend anzugreifen, wobei die Pulverwolke durch seitliches Hin- und Herschwenken der Austrittsdüse (»Wedeln« oder »Mähbewegung«) zu verbreitern ist (Bild 13).

Bei Flüssigkeiten, die in brennendem Strahl ausfließen, muß an der Austrittsstelle beginnend und dem brennenden Strahl folgend gelöscht werden, gleichzeitig muß die am Boden brennende Flüssigkeit erfaßt werden. Dies gelingt meist nur durch den Einsatz mehrerer Geräte gleichzeitig.

Bei Gasbränden ist löschtaktisch so vorzugehen, daß der Pulverstrahl möglichst in gleiche Richtung mit den austretenden

Flammen zu lenken ist, so daß eine völlige Durchmischung des brennenden Gases mit der Löschpulverwolke erreicht wird. Der Löschabstand ist bei Gasen, die unter hohem Druck austreten, auf ein bis zwei Meter zu verringern. Auch von der Seite her ist notfalls noch ein Löscherfolg zu erzielen, während das Spritzen gegen die Flammenrichtung kaum Aussicht auf Erfolg bietet und zudem den Löschenden gefährdet.

Beim Ablöschen brennender Flüssigkeiten und Gase besteht stets die Gefahr einer erneuten Zündung (Rückzündung), wenn das Feuer nicht wirklich restlos gelöscht und jede mögliche Zündquelle ausgeschaltet ist. Solche Zündquellen sind insbesondere glühende Metallteile, so daß ein kombinierter Löschangriff mit Wasser – unter Beachtung aller damit verbundenen Risiken (siehe Seite 75) – notwendig sein kann. Insbesondere in Räumen können solche Rückzündungen zu Explosionen führen, wenn abgelöschte, das heißt unverbrannte Gase oder Dämpfe weiter ausströmen und sich mit Luft mischen.

Brände in elektrischen Anlagen und in deren Nähe können mit BC-Löschpulvern gefahrlos bekämpft werden, sofern die Anlagen völlig trocken sind. Auf feuchten oder regennassen Oberflächen löst sich das Löschpulver teilweise auf und bildet leitfähige Beläge, durch die Kurz- und Erdschlüsse entstehen können. Bei Hochspannungsanlagen bis 110 000 V sind lediglich drei Meter Sicherheitsabstand einzuhalten (siehe DIN/VDE 0132).

BC-Löschpulver ist in gewissem Umfange auch für Brände fester Stoffe organischer Natur (Holz, Kunststoff, Textilien) geeignet, solange diese nur an ihrer Oberfläche brennen und sich noch keine Glut gebildet hat. Bei fortgeschrittenen Bränden fester, glutbildender Stoffe ist das BC-Löschpulver unwirksam, da es nicht in die Glut eindringen und sie weder abkühlen, noch den Sauerstoffzutritt verhindern kann.

Bei leichten, lockeren brennbaren Stoffen – insbesondere bei Stäuben – besteht die Gefahr, daß sie durch den Druckstoß des Löschpulverstrahles aufgewirbelt werden, weiter verstreut werden (Brandausbreitung) oder sogar explodieren (Staubexplosion).

ABC-Löschpulver (Brandklassen A, B, C nach EN 2)

Zusätzlich zu den BC-Löschpulvern sind Löschpulverarten entwickelt worden, die außer der typischen Löschwirkung bei reinen Flammenbränden (Brandklassen B und C) auch eine ausgeprägte Löschwirkung gegenüber Bränden fester, glutbildender Stoffe (Brandklasse A) aufweisen. Diese in der Brandwärme schmelzenden Pulver besitzen eine ähnlich imprägnierende Wirkung wie bestimmte Feuerschutzmittel zum Schwerentflammbarmachen von Holz, da sie diesen chemisch nahe verwandt sind. Als Hauptbestandteile werden Ammoniumphosphate und -sulfate verwendet. Die wasserabstoßende Eigenschaft wird auch hier durch Zusatz von 0,5 bis 1 % Zink-, Calcium- oder Magnesiumstearat erzielt.

Da diese Pulver gleichzeitig Glut- und Flammenbrände löschen (ABC-Pulver), sind sie vielseitig anwendbar. Sie stellen beispielsweise das beste Löschmittel zum Schutz von Kraftfahrzeugen dar, da sie sowohl gegen Kraftstoffbrände als auch gegen Brände der Reifen, Aufbauten und Innenausstattung wirksam sind. Zur Ausstattung von Omnibussen sind ABC-Löscher zwingend vorgeschrieben. Es darf aber nicht übersehen werden, daß die Löschwirkung der ABC-Pulver in den einzelnen Brandklassen von anderen Löschmitteln eindeutig übertroffen wird. So können bei Glutbränden die ABC-Pulver die Löschwirkung des Wassers naturgemäß nie erreichen, da sie nur auf oberflächliche Glutschichten einwirken, aber nicht wie Wasser auch in dickere Ballen oder Haufen eindringen können.

Bei Großbränden der Brandklasse A wird stets Wasser, bei Großbränden der Brandklasse B (Tankbrände) wird stets Schaum das gegebene und wirksamste Löschmittel sein. Der besondere Wert der ABC-Löschpulver liegt allein in der kombinierten Verwendungsmöglichkeit gegenüber Bränden der Brandklassen A, B und C, die sonst kein anderes Löschmittel bietet. Wegen des relativ hohen Preises verwendet man ABC-Löschpulver nur in Kleingeräten (tragbare und fahrbare Löscher), nicht aber im mobilen Feuerwehreinsatz oder in stationären Löschanlagen.

Löschpulver für Sonderzwecke

Mit den üblichen Löschmitteln Wasser, Schaum, Kohlensäure und Löschpulver lassen sich brennende Metalle, wie Magnesium, Aluminium, Elektron, Natrium, Kalium, Titan usw. nicht löschen. Mit Wasser, Schaum oder Kohlensäure würden sich sogar gefährliche explosionsartige chemische Reaktionen ergeben (siehe Seite 77).

Es sind daher auch verschiedene Sonder-Löschpulver für Metallbrände (Brandklasse D) entwickelt worden. Wirksamer Bestandteil dieser Sonder-Löschpulver ist Kalium- oder Natriumchlorid (Kochsalz). Die Bedeutung dieser Löschmittel beschränkt sich auf den Brandschutz von Betrieben, wo solche Metalle hergestellt oder verarbeitet werden.

In manchen Fällen ist es geboten, mit Löschpulver abgelöschte Flüssigkeitsoberflächen anschließend zum Schutz gegen Wiederentflammen mit Schaum abzudecken. Dabei können sich Schwierigkeiten ergeben, da der Schaum bei Berührung mit normalem Löschpulver rasch wieder zerfällt. Aus diesem Grund sind besondere »schaumverträgliche Löschpulver« (SV) entwickelt worden. Ihr Hauptbestandteil ist meist Kaliumbicarbonat. Derartige Pulver kommen vor allem für die Brandbekämpfung auf Flughäfen in Betracht.

2.2.5 Kohlenstoffdioxid (Kohlensäure)

Kohlensäure ist die im allgemeinen Sprachgebrauch und auch in der Technik allgemein übliche – wenn auch chemisch unzutreffende – Bezeichnung für das Kohlenstoffdioxid CO_2.

Physikalische Eigenschaften:
Kohlenstoffdioxid ist ein geruch- und farbloses Gas.

Seine Dichte beträgt 1,96 kg/m^3, es ist also eineinhalbmal schwerer als Luft (1,29 kg/m^3). Das Dichteverhältnis zu Luft = 1 ist somit 1,52. Ab 165 °C wird es aufgrund der Wärmeausdehnung leichter als (kalte) Luft und steigt in die Höhe. Der Effekt wird zwar durch die Erwärmung der Luft am Brandherd etwas gemildert, dennoch ist CO_2 im Freien als Löschmittel weniger wirkungsvoll als in geschlossenen Räumen. Bei Zimmertemperatur (20 °C) läßt sich Kohlenstoffdioxid unter einem Druck von 55,4 bar zu einer farblosen Flüssigkeit mit der Dichte 0,77 g/cm^3 verflüssigen.

Bei plötzlicher Entspannung des Druckes kühlt sich das Kohlenstoffdioxid so stark ab, daß ein Teil zu festem Kohlenstoffdioxid – »Kohlenstoffdioxid-Schnee«, »Kohlensäureschnee« oder »Trocken-Eis« – erstarrt, wenn man verhindert, daß es durch die umgebende Luft erwärmt wird (Schneerohr). Dieser Schnee hat eine Dichte von 1,53 g/cm³ und eine Temperatur von –78,5 °C. Er vergast (sublimiert) bei dieser Temperatur, ohne vorher zu schmelzen.

Die kritische Temperatur des Kohlenstoffdioxids beträgt 31,04 °C. Die kritische Temperatur ist die Temperatur, ab der ein Gas – auch mit noch so hohem Druck – nicht mehr verflüssigt werden kann. Der kritische Druck, das heißt der Druck bei der kritischen Temperatur beträgt 75,6 bar. Bei Erwärmung von Kohlenstoffdioxid in einer Stahlflasche steigt der Druck sehr steil an. Die Flaschen dürfen daher aus Sicherheitsgründen nur mit 0,75 kg CO_2 pro Liter Flaschenvolumen gefüllt werden.

Bei 65 °C erreicht der Druck in der Flasche bereits den Flaschenprüfdruck von 250 bar. Kohlensäureflaschen aller Art, auch in Verbindung mit Feuerlöschern dürfen deshalb nicht an Orten mit höheren Temperaturen aufbewahrt werden und sind vor Sonneneinstrahlung (in unserer geographischen Breite maximal 55 °C) zu schützen.

Chemische Eigenschaften:
Kohlenstoffdioxid, chemische Formel CO_2, ist das Verbrennungsendprodukt des Kohlenstoffes. Ein Kilogramm Kohlenstoff ergibt 1,86 m³ CO_2. Es ist reaktionsneutral.

Bei unvollständiger Verbrennung (Sauerstoffmangel) entsteht das giftige Kohlenstoffmonoxid CO, das nochmals zu CO_2 verbrennen kann. Bei jedem Brand ist mit der Anwesenheit von CO_2 und CO zu rechnen, da fast alle Brandstoffe (Holz, Papier, Kunststoffe, Textilien, Ernteerzeugnisse, brennbare Flüssigkeiten, Erdgas, Propan, Acetylen usw.) Kohlenwasserstoffe sind, also Kohlenstoff enthalten (siehe Seite 16). CO_2 zerfällt bei Temperaturen ab 2 000 °C wieder in seine Bestandteile C, (CO) und O, wirkt also bei Metallbränden brandfördernd und ist als Löschmittel ungeeignet.

Physiologische Eigenschaften:
CO_2 ist in Konzentrationen bis 5 % für den Menschen ungefährlich. Höhere Konzentrationen wirken zunächst stark anregend, darüber hinaus aber lähmend auf das Atemzentrum und verursachen Bewußtlosigkeit und Tod. Das Einatmen von Konzentrationen ab 8 % über 30 bis 60 Minuten kann tödlich wirken. Menschen, die durch CO_2 bewußtlos geworden sind, erholen sich an frischer Luft, gegebenenfalls durch Atemspende und Inhalation von Sauerstoff, rasch wieder, da das Ausscheiden von CO_2 über die Atemwege eine normale physiologische Körperfunktion ist.

Anwendung:
CO_2 wird in Druckgasflaschen in verflüssigter Form gespeichert. Für Löschzwecke sind die Flaschen mit Steigrohren versehen, so daß das Kohlenstoffdioxid aus der flüssigen Phase entweicht. Je nachdem, ob man CO_2 in reiner Gasform oder als Nebel oder mit CO_2-Schnee vermischt anwenden will, läßt man das flüssige Kohlenstoffdioxid aus entsprechend geformten Düsen oder aus Schneerohren ausströmen. Die Schneerohre isolieren das sich in ihnen entspannende Kohlenstoffdioxid gegen die Wärme der Luft, so daß eine zur Schneebildung ausreichende Abkühlung stattfindet.

Die *Löschwirkung* des Kohlenstoffdioxids beruht auf Ersticken durch »Verdünnen«, das heißt Herabsetzen des Sauerstoffgehaltes der Luft (siehe Seite 65). Ein besonderer Kühleffekt kommt auch dem –78 °C kalten CO_2-Schnee nicht zu, da dieser nur ein geringes Wärmebindungsvermögen besitzt (573 kJ/kg).

Kohlenstoffdioxid ist, da es lediglich erstickend wirkt, nur gegen reine Flammenbrände anwendbar, also gegen brennende Flüssigkeiten und Gase. Bei Flüssigkeiten (Brandklasse B) ist die Schnee- und Nebelform, bei Gasbränden (Brandklasse C) die reine Gasform am wirksamsten. Ein kräftiger CO_2-Gasstrahl eignet sich sehr gut zum Ablöschen von unter Druck ausströmenden brennenden Gasen wie Erdgas, Propan, Acetylen usw. Hinsichtlich der dabei anzuwendenden Löschtaktik gilt das gleiche wie bei den Löschpulvern.

Für glutbildende Objekte ist Kohlenstoffdioxid daher im Grundsatz als Löschmittel ungeeignet. Es löscht zwar äußerlich die Flammen, aber da es rasch verfliegt, entstehen sofort neue Flammen aus der nicht gelöschten Glut. Dennoch wird es aufgrund seiner vielen vorteilhaften Eigenschaften häufig auch bei Bränden fester Stoffe eingesetzt, und zwar immer dann, wenn der Brand noch nicht weit entwickelt ist und das Löschmittel gegenüber dem Brandgut im Überfluß zur Verfügung steht, beispielsweise bei Bränden in elektrischen oder elektronischen Geräten.

Kohlenstoffdioxid ist elektrisch vollkommen nichtleitend und daher ein ungefährliches Löschmittel bei Bränden in elektrischen Hochspannungsanlagen und in deren Nähe. Beim Löschen in Hochspannungsanlagen ist jedoch gemäß DIN/VDE 0132 immer ein entsprechender Sicherheitsabstand einzuhalten (bei 30 000 V zwei Meter, bei 110 000 V (110 kV) drei Meter usw.)

29 Karl Huber
Brandschau
3. Auflage. 88 Seiten
€ 7,–
ISBN 3-17-012644-X

30 Jochen Maaß
Bernd Weißhaupt
Tierrettung
88 Seiten. € 8,90
ISBN 3-17-014915-6

31 Kurt Klingsohr
Fachrechnen für den Feuerwehrmann
6. Auflage. Ca. 120 Seiten
Ca. € 11,–
ISBN 3-17-017434-7

32 Hermann Dembeck
Gefahren beim Umgang mit Chemikalien
4. Auflage. 244 Seiten
€ 13,80
ISBN 3-17-011277-5

33 Georg Zimmermann
Mechanik für die Feuerwehrpraxis
(Übungsaufgaben siehe Heft 49)
6. Auflage. 168 Seiten
€ 9,20
ISBN 3-17-016085-0

34 Axel Häger
Kartenkunde
156 Seiten. € 12,68
ISBN 3-17-012735-7
Durchgehend vierfarbig

35 Alfons Rempe
Ortsfeste Feuerlöschanlagen
3. Auflage. 120 Seiten. € 8,–
ISBN 3-17-013204-0

36a Hans-Peter Plattner
Gefahrgut-Einsatz
Fahrzeuge und Geräte
4. Auflage. 160 Seiten
€ 8,–
ISBN 3-17-013520-1

36b Jürgen Klein
Gefahrgut-Einsatz
Grundlagen und Taktik
2. Auflage. 112 Seiten
€ 9,20
ISBN 3-17-016856-8

40 Georg Zimmermann
Tauchen, Wasser- und Eisrettung
3. Auflage. 176 Seiten
€ 10,–
ISBN 3-17-013206-7

41 Kurt Klingsohr
Frank Habermaier
Brennbare Flüssigkeiten und Gase
7. Auflage. Ca. 100 Seiten
Ca. € 8,–
ISBN 3-17-017016-3

44a Hans Schönherr
Pumpen in der Feuerwehr
Teil 1: Einführung in die Hydromechanik/Wirkungsweise der Kreiselpumpen
4. Auflage. 112 Seiten
€ 8,–
ISBN 3-17-015172-X

45 Heinz-Otto Geisel
Feuerwehr-Sprechfunk
6. Auflage. 160 Seiten
€ 8,90
ISBN 3-17-014025-6

46 Martin Grund
Aufzüge, Fahrtreppen, Fahrsteige
3. Auflage. 172 Seiten
€ 11,50
ISBN 3-17-013522-8

47 Dieter Karlsch
Walter Jonas
Brandschutz in der Landwirtschaft
3. Auflage. 96 Seiten
€ 8,–
ISBN 3-17-012104-9

48 Heinz Bartels
Wilhelm Stratmann
Feuerwehrschläuche
2. Auflage. 72 Seiten
€ 7,–
ISBN 3-17-012568-0

49 Georg Zimmermann
Mechanik
Beispiele aus der Praxis
(Übungsaufgaben zu Heft 33)
3. Auflage. 77 Seiten
€ 7,–
ISBN 3-17-014453-7

51 Georg Zimmermann
Tiefbau- und Silo-Unfälle
4. Auflage. 84 Seiten
€ 7,–
ISBN 3-17-015549-0

53 Joachim Hahn
Horst Zacher (Hrsg.)
Begriffe, Kurzzeichen, Graphische Symbole des deutschen Feuerwehrwesens
3. Auflage. 128 Seiten
€ 8,–
ISBN 3-17-013099-4

54 Willi Döbbemann
Harald Müller
Werner Stiehl
Retten und Selbstretten aus Höhen und Tiefen
5. Auflage. 56 Seiten. € 7,–
ISBN 3-17-015167-3

55 Wolfgang Maurer
Hydraulisch betätigte Rettungsgeräte
2. Auflage. Ca. 160 Seiten
Ca. € 11,50
ISBN 3-17-016494-5

57 Siegfried Volz
Unterrichtseinheiten für die Brandschutzerziehung
132 Seiten. € 8,–
ISBN 3-17-013771-9

59 Frank Habermaier
Chemie
2. Auflage. 178 Seiten
€ 9,20
ISBN 3-17-012222-3

61 Axel Häger
Kfz-Marsch geschlossener Verbände
84 Seiten. € 7,–
ISBN 3-17-010489-6

62 Siegfried Volz
Brandschutzerziehung in Schulen
2. Auflage. 128 Seiten
€ 8,–
ISBN 3-17-014539-8

64 Erhard Ortelt
Abkürzungslexikon Feuerwehr
88 Seiten. € 7,–
ISBN 3-17-013774-3